현대인을 위한 식품재료학

이 준 우

도서출판 석학당
www.shdbooks.co.kr

| 머리말 |

식품 재료학은 식품 분야에서 차지하고 있는 비중이나 영향에 비하여 식품 관련 학과의 학생이나 교수자들에게 다른 분야보다 덜 중요하게 취급되어 왔다. 최근 삶의 질 향상으로 인하여 식품의 섭취에 대한 기능적인 욕구가 증가하면서 식품재료에 대한 관심도가 증대 되고 있는 실정이다. 현대인들은 식품의 과잉섭취에 따른 비만 문제가 개인 및 사회문제로 대두됨에 따라 식품의 고유한 기능인 영양적 기능보다는 식품의 생리활성적 기능에 대한 정보 욕구가 커지고 있다. 건강한 생활을 영위하기 위한 식품 재료의 기원, 생물학적 특성, 생산과 제조 시 첨가되는 물질들의 과학적 특징들에 대한 관심이 커지고 있다.

건강한 식생활의 출발은 사용되는 식품재료의 선택에 있다. 이러한 식품재료의 일반적인 특성, 재배 및 생산적 특징, 영양소 별 함량, 재료의 물리화학적 특성, 제조와 가공 기술, 기호에 따른 재료의 이용성 등에 대한 새로운 기술과 정보가 필요하게 되었다.

본 교재에서는 일반 식품 분야, 조리 및 제과제빵 분야의 후학들이 참고 할 수 있도록 다양한 내용으로 구성하였으며, 식품재료학을 구성하는 식물성 식품재료, 동물성 식품재료, 유지류, 첨가물과 조미 재료, 향신료, 기호 식품재료, 기능성 식품재료 등으로 편성하여 쉽게 접근하려고 노력하였다. 현재까지는 그동안 정리된 자료의 범위 내에서 편집하였기에 부족한 부분이 많을 것으로 여겨지기에, 앞으로 최신의 자료와 정보로 보완하여 실용적인 교재가 될 수 있도록 노력하겠다.

마지막으로 이 책이 출간되기까지 조언을 아끼지 않으신 교수님들과 자료를 제공해 주신 분들께도 감사를 드린다. 특별히 이 책이 출간되기까지 많은 지원을 아끼지 않으신 도서출판 석학당 윤용호 사장님을 비롯한 임직원 여러분께 진심으로 감사를 드린다.

2014년 2월
이 준 우

Contents

Contents

Contents

Contents

1 장

식품재료학의 개요

1-1 식품과 식품재료

1. 식품재료학의 개요

식품은 인간의 기본적인 생명현상을 유지하기 위해 각종 영양소를 공급하고 기호성을 부여하는 영양물질을 모두 식품이라고 말한다.

우리나라 식품위생법 제1장 제2조 1항에서 "식품이라 함은 모든 음식물을 말한다. 다만, 의약으로서 섭취하는 것은 제외한다." 라고 규정하고 있다. 유엔식량농업기구(FAO, Food and Agriculture Organization)와 유엔세계보건기구(WHO, World Health Organization) 합동 국제식품규격위원회(Codex Alimentarius Commission)에 의한 식품의 정의는 다음과 같다. "인간이 섭취할 수 있도록 완전 가공 또는 일부 가공한 것이나 가공하지 않아도 먹을 수 있는 모든 재료를 말하며, 음료 종류와 껌 종류도 여기에 포함된다. 또 식품을 제조, 가공 그리고 처리하는데 사용된 모든 재료도 식품이 될 수 있으나 화장품용, 담배류, 그리고 의약품으로 사용된 것은 포함시키지 않는다." 라고 하였다.

식품재료는 크게 그 기원에 따라 농산식품, 축산식품, 수산식품, 조미, 기호식품 등으로 구분 할 수 있다. 식품재료학은 이들 재료의 유래, 형태, 특성 등에 대한 과학적 검토와 조리, 생산, 가공, 저장과 보존, 유통의 과학화와 관련된 분야를 다루는 학문 분야이다.

2. 종류

식품재료는 일반적으로 식물성, 동물성, 기타 등으로 구분한다. 식물성은 주로 농산식품재료, 동물성은 축산식품재료와 수산식품재료, 기타 원료는 무기질 등 기타 식품재료가 있다.

농산식품재료는 곡류, 두류, 채소, 과일, 버섯류가 있다. 곡류는 쌀, 보리, 밀, 호밀, 귀리, 조, 수수, 옥수수 등이 있다. 두류는 대두, 팥, 녹두, 강낭콩, 완두, 동부, 렌즈콩 등이 있다. 서류는 감자, 고구마, 카사바, 타피오카 등이 이용된다. 채소류는 엽경채류로는 갓, 근대, 꽃양배추, 락교,

명일엽(또는 신선초), 미나리, 배추, 부추, 브로콜리, 샐러리, 시금치, 쑥갓, 아스파라거스, 대파, 파슬리, 청경채 등이 있고, 근채류로는 무, 순무, 당근, 양파, 연근, 우엉, 토란, 마 등이 있으며, 과채류로는 오이, 호박, 토마토, 가지, 딸기, 참외, 멜론, 수박 등이 있다. 과실류로는 감, 감귤류(밀감, 오렌지, 자몽, 레몬 등), 다래, 대추, 망고, 매실, 모과, 무화과, 바나나, 배, 버찌, 복숭아, 사과, 살구, 석류, 아보카도, 아세로라, 앵두, 오디, 오얏, 으름, 자두, 키위, 파인애플, 파파야, 포도 등이 있다. 땅콩 또는 견과류로는 땅콩, 아몬드, 개암(헤즐너트), 밤, 호두, 잣, 은행, 도토리, 상수리 등이 있다. 유지식물류로는 참깨, 들깨, 검정깨, 해바라기, 올리브, 달맞이꽃씨, 목화씨, 유채씨, 팜, 홍화씨 등이 있다. 향신식물로는 겨자, 계피, 고추, 고추냉이, 대회향, 로즈마리, 마늘, 박하, 백리향, 사프란, 산초, 생강, 서양박하, 월계잎, 차조기, 파프리카, 피망, 회향, 후추 등이 있다. 버섯류로는 갓버섯, 곰보버섯, 진주버섯, 구름버섯, 꾀꼬리그물버섯, 나도팽나무버섯, 느타리버섯, 목이버섯, 밤버섯, 석이버섯, 송이버섯, 싸리버섯, 양송이버섯, 영지버섯, 팽이버섯, 표고버섯, 황금뿔나팔버섯, 흰들버섯, 흰꾀꼬리버섯 등이 있다.

축산식품재료는 식육류, 우유, 난류가 있다. 식육류로는 쇠고기, 돼지고기, 양고기, 염소고기, 토끼고기, 말고기, 사슴고기, 닭고기, 꿩고기, 오리고기, 거위고기, 칠면조고기, 메추리고기 등이 있다. 우유류는 우유 및 산양유 등이 있다. 난류로는 계란, 오리알 및 메추리알 등이 있다. 수산식품재료는 어류, 패류, 해조류 등이 있다. 어류로는 가다랭이, 가물치, 가오리, 가자미, 갈치, 고등어, 꽁치, 날치, 넙치, 노가리, 노래미, 농어, 다랭이, 대구, 도루묵, 도미, 돔, 망둥어, 메기, 멸치, 명태, 미꾸라지, 민어, 뱀장어, 병어, 복어, 볼락, 붕어, 삼치, 상어, 송어, 숭어, 쏘가리, 양미리, 연어, 우럭, 은대구, 은어, 임연수어, 잉어, 장어, 전갱이, 전어, 정어리, 조기, 홍어 등이 있다. 패류는 굴, 홍합, 꼬막, 재첩, 소라, 고둥, 대합, 전복, 바지락, 조개류 등이 많이 이용되고 있다. 갑각류는 새우, 게, 바닷가재, 가재, 방게, 크릴 등이 있다. 연체류는 문어, 오징어, 낙지, 갑오징어, 개불, 꼴뚜기, 주꾸미, 해파리 등이 있다.

기타로는 고래, 메뚜기, 번데기, 식용개구리, 식용달팽이, 식용양식자라, 악어고기, 타조, 캥거루고기, 오소리 등이 있다.

3. 식품의 성분

식품의 성분은 일반성분으로 수분, 탄수화물, 단백질 및 지질이 주류를 이룬다. 이들 중 영양소는 탄수화물, 단백질, 지질, 무기물, 비타민을 5대 영양소라고 부르고 인체를 구성하는 중요 성분인 물을 포함하여 6대 영양소로 분류한다.

식품에는 일반 성분과 마량성분이외에도 식품의 색깔, 향 및 맛을 내는 특수한 성분을 함유하고 있다. 이들 특수한 성분들은 식품의 고유한 특성을 부여하고 있으며, 어떤 것은 생리활성을 갖는 것도 있다. 식품 중의 중요한 특수 성분은 다음과 같다.

Alkaloid(알칼로이드)는 식물의 질소를 함유한 염기성 물질의 총칭으로 대부분 쓴맛을 내고 있으며, 여러 가지 생리활성을 갖고 있다. 그 종류로는 커피나 차의 성분인 caffeine, 고추의 매운 맛 성분인 capsacin, 후추에 들어 있는 chavicine 등이 있다. 색소는 식물성 색소로서는 chlorophyll, carotenoid, flavonoid, anthocyanin 등이 있고, 동물성 색소로는 riboflavin, cytochrome, carotenoid, hemoglobin, myoglobin, hemocyanin 등이 있다. 유기산은 과일류에 많이 함유된 것으로 사과산, 호박산, 구연산, 주석산 등이 있다. 또한 식물에 널리 함유하고 있는 성분으로 당질과 비당질부가 결합된 배당체 등이 있다.

4. 식품재료의 성질

1) 물리적 성질

① 빙점 : 순수한 물의 빙점 0℃, 용질의 농도가 높을수록 빙점 낮아진다.

표 1-1. 각종 식품재료의 빙점

식품재료명	빙점(℃)	식품재료명	빙점(℃)
고구마	-1.9	쇠고기	-0.6 ~ -1.7
감자	-1.7	어육	-0.6 ~ -2.0
사과	-2.0	버터	-2.2
바나나	-3.4	치즈	-8.3
토마토	-0.9	우유	-0.5

② 비점 : 액체의 비등이 일어날 때의 온도, 용질의 농도가 높을수록 비점도 상승한다. 대기압보다 낮은 감압상태에서는 비점 낮아진다. 수용액의 용질농도가 증가 할수록 비점도 상승한다.

③ 밀도 : 재료의 부피와 무게와의 관계를 나타낸다.

④ pH : 식품 내의 pH에 따라 색, 맛, 향기가 다르게 나타난다. 녹색채소에 많이 있는 chlorophyll은 산성에서는 갈색(pheophytin), 중성에서는 녹색, 알칼리 상태에서는 짙은 녹색(chlorophyllin)을 나타낸다. Anthocyanin 색소는 산성에서는 빨강, 중성에서는 자색, 알칼리에서는 청색 혹은 녹색을 나타낸다.

2) 관능적 성질

식품의 품질을 결정하는 일차적인 요소로서는 감각기관으로 느껴지는 관능적 요소가 매우 중요하다. 이들 요소는 주로 시각적 및 후각적인 기관을 통한 느낌으로 평가한다. 대표적인 방법으로 색깔, 광택 및 향기 등이 있다.

① 색깔 : 식품은 각기 고유한 색깔을 가지고 있다. 색깔은 식품재료의 신선도 및 숙성도의 정도를 측정하는 좋은 지표이다.

② 광택 : 식품의 광택성은 우수한 품질의 결정 요인으로는 중요하지 않은 것으로 알려졌다. 에를 들면 사과의 경우는 광택이 많을수록 좋으나, 버섯과 오렌지는 광택이 적을수록 좋은 것으로 알려졌다.

③ 향기 : 식품의 향기는 식품재료 품질을 결정하는 중요한 요인이다.

1-2 식품성분 간의 물리화학적 반응

1. 갈색화 반응

갈색화 반응은 식품을 저장 및 가공 과정 중에 일어나는 현상으로 식품의 색깔이 갈색 또는 암갈색을 갖게 되는 여러 가지의 복잡한 반응들을 말한다. 가공 및 저장 중에 발생하는 갈색화 반응은 식품의 냄새와 맛 및 영양에 많은 영향을 미친다. 갈색화 반응은 크게 비효소적 갈변과 효소적 갈변으로 나눈다. 전자는 마이야 반응(Maillard reaction, Amino-carbonyl reaction, Melanoidine reaction), 카라멜 반응(Caramelization reaction, 아스콜빈산 반응(Ascorbic acid oxidation reaction)이 있다. 후자는 polyphenol oxidase(PPO), tyrosinase에 의한 갈색화 반응이 있다.

1) 비효소적 갈변

(1) 마이야 반응(Maillard reaction)

이 반응의 원리는 단백질과 아미노산에 함유된 amono기와 환원성이 큰 환원당의 carbonyl기가 반응하여 갈색물질(mellanoidine)을 생성하는 반응이다. 이 반응의 결과는 식품의 향기과 맛 등에서 품질을 저하시키기도 하나 오히려 식품의 기호성을 증가시키기 위해 이용하기도 한다. 마이야 반응의 촉진요인 온도는 낮을수록, 산소가 적을수록, pH는 낮을수록, 반응물질의 농도는 낮을수록 잘 일어난다. 당의 종류는 5탄당, 6탄당, 설탕 순으로 반응이 잘 일어난다.

(2) Caramel화

일반적으로 고온에서 당류 또는 당류의 수용액을 가열할 때 일어나는 반응이다. 마이야 반응처럼 자연발생적으로 당 농도가 높은 식품의 가열 및 가공 중에 빈번하게 일어난다. 즉 당류 또는 당류 수용액이 고온에서 탈수, 열분해 및 중합에 의해 카라멜이 생성되는 반응이다. 이 반응을 이용한 식품으로는 캔디, 간장, 된장, 빵, 크래커 등이 있다. 환원당들은 유기산이나 유기산염이 함께 존재 시에 환원당의 단독 존재 시 보다 갈색화가 더 용이하게 일어나는 것으로 알려졌다.

(3) 아스콜빈산 산화(Ascorbic acid oxidation)

과채류 식품 중에 많이 함유된 ascorbic acid는 그 환원력으로 인하여 항산화제 또는 항갈변제로 사용된다. 그러나 ascorbic acid가 비가역적으로 산화하게 되면 항산화제 또는 항갈색화제로의 기능은 잃어버리고 그 산화생성물들이 그 자체가 갈색화 반응을 수반하는 산화 과정에 들어가게 된다. 이 반응은 ascorbic acid 함량이 높은 감귤류의 가공품인 오렌지즙이나 오렌지분말에서 중요한 갈변 반응이다.

2) 효소적 갈변

효소가 관여하는 반응으로 polyphenol류의 산화에 작용하는 polyphenol oxidase에 의한 갈변과 tyrosine의 산화에 관계하는 tyrosinase에 의한 갈변이 있다. 전자는 사과, 배, 바나나, 가지 등의 과채류에서 일어나는 반응이다. 이 효소는 구리 또는 철 이온에 의해 활성화되므로 사과나 배를 구리용기나 철제 칼로 처리하면 갈변이 일어난다. 묽은 소금물은 염소이온에 의해 갈변이 방지된다.

2. 전분의 호화와 노화

1) 전분의 호화(gelatinization)

전분은 일반적으로 10~17%의 수분을 함유하고 있으며, 전분 분자들은 직접 또는 물분자들을 통하여 수소결합에 의해 미셀(micelles)을 형성한다. 전분에 수분을 첨가하고 온도를 증가시키면 전분입자가 팽윤하고 붕괴하여 colloid상의 점도가 증가하는 상태를 호화(gelatinization, α화)라고 한다. 호화는 수분이 많을수록, 알칼리성일수록, 무기염류(NaOH, KOH, KI, 염화물)가 존재할수록, 전분 입자가 클수록 촉진 된다.

2) 전분의 노화

전분의 노화는 팽윤된 전분(α화)을 그대로 방치하면 수축하고 점도가 감소되는 현상으로 β화(결정화)라고도 한다. 노화는 수분이 30~60%일 때와 약산성인 경우에 잘 일어난다. 노화의 방지는 식품을 수분이 10~15%이하로 건조(예, 라면), 설탕첨가(자유수 탈수, 잼)하는 방법 등이 있다.

3. 단백질의 변성(Denaturation)

단백질은 동식물체의 가장 중요한 구성성분 중에 하나이고, 생명체의 에너지 영양원으로서도 매우 중요하다. 식품의 단백질은 식물성과 동물성 단백질로 구분되며, 이들은 가공 저장 중에 여러 가지 물리화학적 요인들에 해리, 재결합 등을 일으켜, 그 고유한 구조가 변형되는 현상을 말한다. 단백질의 변성은 가열, 동결, 교반, 압력, 산, 알칼리, 염류, 유기용매, 중금속류 등의 이화학적 요인에 의해 자연단백질의 1, 2, 3, 4차 구조가 파괴되고 응고, 침전 등이 일어나며, 자연 단백질 본래의 생물학적 기능을 잃어버리는 현상을 단백질의 변성이라고 한다.

4. 지질의 산화(Oxidation)

식품 중의 지질은 공기 중의 산소와 반응하여 산화에 의한 불쾌한 냄새나 독성물질을 생성하는 현상을 산패(rancidity)라고 한다. 또한 기름을 고열로 장시간 가열하면 산화반응과 열 반응에 의해 맛과 냄새가 나빠지는 현상을 가열에 의한 산화라고 한다.

1) 자동산화(Autooxidation)

비교적 낮은 온도에서 공기 중의 산소에 의해 서서히 일어나는 산화 과정을 말한다. 즉, 유지가 가열됨 없이 일어나는 반응으로 불포화도가 높을수록, 온도가 높을수록, 빛, 금속이온 등은 자동산화를 촉진한다.

2) 가열산화

식품을 160~180℃의 고온으로 가열된 유지에서 가속된 자동산화와 가열반응이 복합적으로 일어나는 가열산화이다. 주로 튀김 시에 발생한다.

1-3 식품재료의 처리

1. 정선과 세척

식품의 세척은 조리 및 가공을 위한 가장 기본적인 조작이라 할 수 있다. 따라서 식품의 재료적 특성을 유지하고 조리 및 가공하기 위해서는 적당한 세척제의 선택이 필요하다.

1) 세척제의 조건

① 오염 제거능이 있어야 한다.
② 오염원을 가용화, 유화, 분산 현탁능이 있어야 한다.
③ 화학분해능, 금속 비부식성어야 한다.
④ 독성이 적고, 제거 용이해야 한다.
⑤ 살균성, 저렴해야 한다.

2) 알칼리성 세제

알칼리성 세제의 작용은 세제에서 유리되는 OH^-기에 의한 작용이다. 단백질계의 오염물질을 용해 및 분해하여 제거하고, 유지성 오염물질을 검화하여 해리 및 분산시켜 제거한다. 이 세제의 단점은 금속이나 유리표면에 강하게 흡착하여 제거가 잘 안되고, Ca나 Mg 등과 불용성의 염을 형성하여 침전한다. 또한 동물성 섬유와 나일론 손상 가능이 있다. 종류로는 비누와 퐁퐁이 있다.

3) 산성 세제

산성세제의 작용은 해리하여 생성된 H^+기의 작용에 의한다. 주로 유기성 물질을 산화 및 분해시키는 것이고, 금속 이온성 침전물을 용해하여 제거한다, 즉 녹을 제거한다. 단점으로는 부식성이 있다. 종류로는 차아염소산나트륨(락스)이 있다.

4) 계면활성제

계면장력 저하시키는 물질을 총칭하여 부른다. 종류로는 비누, 세제, 유화제 등이 있다.

2. 가열처리

1) **조리** : 식품의 조리 중 변화는 미생물의 사멸과 생육정지, 식품 내 효소의 불활성화를 초래한다. 그리고 식품의 색깔, 풍미, 조직변화, 소화성 향상, 영양파괴등의 변화가 일어난다.

2) **브랜칭** : 식품 내의 효소를 불활성화 시켜 저장성 및 보존성을 증대시킨다.

3) **저온살균** : 가열에 민감한 식재료의 미생물의 생육을 억제시킨다.

4) **멸균** : 가공 식품의 보존성을 증대시키기 위해 완전 멸균 또는 유통기한 내에 어떤 위해 미생물들의 증식을 억제하기 위한 적절한 가열처리로 목적 미생물들을 멸균하는 상업적 살균(commercial sterilization)이 있다.

3. 식품재료의 냉장과 냉동

식품의 저온 저장은 냉장 또는 냉동에 의한 방법을 이용한다. 식품의 저장은 0~17℃에서 저장하는 냉각저장과 -15~30℃에서 저장하는 동결냉장이 있다. 냉각 및 냉장 중의 식품성분의 변화는 증발, 미생물 증식, 풍미 변화 및 노화 등이 있다. 또한 동결 중의 경우는 단백질 변성, 지방의 변화, 감량 및 drip이 발생한다.

1) 동결에 의한 조직손상

① 조직의 기계적 손상

② 냉동화상(freeze burn) : 탈수건조(갈색)

2) 동결에 의한 단백질 손상

① 액상물질 염류/단백질침전, pH변화 : 얼음 결정 생성에 의해

② 탈수현상 : 단백질 비가역적 변성

3) Drip 현상

① 동결식품 해동 시 발생

② Drip이 많으면 수용성성분(수용성단백질, 비타민류, 염류) 제거

4) 해동

① 해동시 변화 : 조직연화, 미생물, 효소활성 증가, 수분증발, 드립발생, 중량감소, 산화

② 해동속도 : 표면 열전도율, 표면적, 온도차 클수록 빠름

③ 완만 해동시 drip 발생 적어짐

예) 닭고기, 전분질 식품, 동결빵 등은 급속가열 해동이 유리

4. 동결건조(freeze drying)

동결건조는 식품재료를 빙점이하의 온도인 -40℃에서 급속 동결하여 감압에 의한 승화를 통하여 건조하는 방법이다. 이 방법의 특징은 식품의 향기 보존, 효소활성 보존, 변화 방지, 다공질 유지에 의한 복원성이 있다. 일반적으로 커피, 수프, 수프용 야채, 버섯, 인스턴트 된장 등 고가의 제품 제조에 많이 이용되고 있다.

5. 식품재료의 shelf life

식품재료가 시장에 공급될 때 상품가치를 유지하면서 보존 가능한 기간을 shelf life라고 한다. 이 shelf life에 영향을 미치는 인자로는 수분함량, 온도, 산소, pH, 빛, 미생물 등이 있다.

6. 식품재료의 저장

1) 환경요인

① 저장온도 : 온도는 식품의 저장성에 가장 영향이 크다. 식품의 재료

에 따라 온도의 민감성, 호흡방법, 수확후의 변화속도 고려해야 한다. 일반적으로 동물성 재료는 0℃ 부근, 식물성 재료는 2~7℃에서 저장하는 것이 유리하다.

② 저장습도 : 습도는 공기 중에 함유된 수분량으로 표시하고 온도에 따라 변한다

③ 가스조정 : 식품 재료의 저장 공간의 가스 농도를 조절하여 호흡작용을 억제 시킨다. 방법으로는 CA(controlled atmosphere) 저장, 진공포장, 가스치환 포장, 탈산소제, CO_2 농도조절 등의 방법이 있다.

④ 빛 : 식품 재료는 빛의 영향을 받아 산화 및 탈색이 빠르게 진행된다. 클로로필 및 카로티노이드, 색소 동결 건조품 등은 빛에 의해 쉽게 산화되고 퇴색이 된다.

2) 저장방법

식품 재료의 저장은 상온저장, 냉각저장, 기체조절저장, 건조저장, 플라스틱필름포장저장, 절임저장, 밀봉살균저장, 방사선저장, 화학물질저장 등 식품의 고유한 특성에 따라 적절한 방법을 사용할 필요가 있다.

2장
곡류 (cereals, cereal grains)

곡류는 종자를 식용 및 사료용으로 쓰기 위한 목적으로 재배되는 벼과 작물을 말한다. 그 종류로는 벼, 밀, 보리, 호밀, 옥수수 등이 있고, 우리가 흔히 오곡이라고 하는 것은 쌀, 보리, 조, 수수, 콩을 말하며, 잡곡은 조, 수수, 옥수수, 메밀 등을 포함한다. 이들의 일반적인 특징은 곡류의 종실은 일반적으로 전분의 함량이 많고, 장기 저장에 견디며, 곡립이 적고, 운반과 취급이 편리한 점이 있다. 쌀은 동아시아의 주식이고, 밀은 유럽과 미국 등의 주식으로 이용되어 왔다.

2-1 쌀 (稻, Rice)

1. 생물학적 고찰

쌀의 학명은 *Oryza sativa* L.이고, 이명으로는 도(稻), 도자(稻子), 수도(水稻), 조도(旱稻) 등으로 불리운다. 형태로 벼는 식물학상 영과(穎果 : 보리, 벼 따위 화본과에 딸린 식물의 열매로 동인도 원산의 식용작물로 논이나 밭에 심는다. 잎은 가늘고 길며(1m) 성숙하면 줄기 끝에 이삭이 나와 꽃이 핀 후 열매를 맺는다. 벼의 열매를 찧은 것을 쌀이라고 하며, 전 세계 인구의 40% 정도가 쌀을 주식으로 하고 있다.

벼는 나락(벼: 正租)과 볏짚, 나락은 쌀, 왕겨 및 쌀겨로 구성되었으며, 쌀은 90%이상이 밥으로 이용되고 술, 떡, 과자, 엿 등의 원료이다. 볏짚과 왕겨는 연료 및 퇴비, 볏짚은 가마니, 새끼 등의 짚세공용, 쌀겨는 기름(미강유), 사료, 비료, 약용 등으로 이용된다. 원산지는 위도 20도 이내의 열대지방이며, 주생산지는 중국, 미국, 일본, 한국, 태국을 비롯한 동남아 지역이고, 우리나라는 여주, 이천, 통진 등이 유명하며, 전 세계의 110여 개국에서 벼를 재배하고 있다. 아시아 대륙에서의 재배면적이 전체의 90% 이상을 차지하고 있으며, 주로 열대 및 아열대 지방에서 많이 재배하고 있다. 벼농사가 잘 되는 지역은 한국, 일본, 스페인, 이탈리아, 미국, 오스트레일리아 등의 온대 또는 아열대 지방이다. 쌀의 성분으로는 탄수화물 70~85%, 단백질 6.5~8.0%, 지방 1.0~2.0%, 섬유질-0.1%이고, 쌀 100g의 열량은 360kcal(밥1공기 270g)이다.

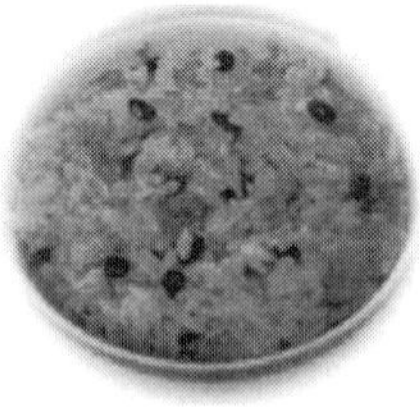

2. 기원 및 전파

벼의 순화 및 재배는 지금부터 최소한 4,000~5,000년 전에 인도의 갠지스강 유역, 북부 미얀마, 타이, 라오스, 인도차이나, 중국 남부지역 등지에서 거의 같은 시기에 각각 독립적으로 시작된 것으로 추정되며, 이곳에서 세계 각국으로 전파되었다. 벼의 전파 경로로 서쪽으로는 이란을 거쳐 카프카스 지방에 전해지고 유프라테스 강 유역에서 기원전부터 재배하였으며, 7~8세기경에는 이 지방에서 벼의 재배가 일반화된 것으로 알려지고 있다. 유럽은 터키를 거쳐 발칸 반도에 전파된 것이고, 다른 하나는 8~13세기경 아프리카 북부지방을 거쳐 스페인과 포르투갈에 전파되어 지중해 연안으로 전파되었다. 아프리카는 기원전에 인도에서 해상로를 따라 동부 아프리카에 직접 전파된 경우 6~7세기경 중앙아시아 및 고대 페르시아 지방으로부터 북부 아프리카로 전파되었다. 동부아시아는 중국을 거쳐 한국, 일본에 전파되었다. 남부 아시아는 자바에서 B.C. 1,084년, 스리랑카에서는 B.C. 513년에 벼를 재배한 기록이 있다. 남아메리카는 16세기 초 포르투갈 인, 미국은 1,699년에 네덜란드 사람들에 의해 전파된 것으로 알려지고 있다.

3. 쌀의 구성 성분

1) 당질(탄수화물)

쌀의 주성분은 전분이 70~80%(현미 73%, 백미 76%), dextrin은 1%, 당분은 0.5%~1%, 조섬유는 0.3%를 함유하고 있다. 쌀의 전분립은 구형 또는 타원형, 전분 알갱이의 길이는 3~7㎛이고, 호화온도는 60℃내외 이다. Amylopectin과 amylose의 비율은 멥쌀이 80:20이고, 찹쌀은 대부분이 amylopectin으로 구성되었다. 멥쌀은 찹쌀보다 당분과 dextrin이 적으므로 단맛이 적다.

2) 단백질

현미는 8~9%, 백미는 7~8% 정도를 함유하고 있다. 일반적으로 찹쌀이 멥쌀보다 많이 함유하고 있다. 주요 단백질은 oryzenin이 약 80% 내외이고, globulin은 3~6%, albumin은 1~3%, prolamin은 2~3%이다. 구성 아미노산 조성은 lysine이2.32%, tryptophane 및 methionine이 1.63%정도 이다. 단백가(protein score)는 78 이상으로 곡류 단백질 중 우수한 것으로 알려졌다.

3) 지질

지질성분은 현미가 약 3%, 백미는 0.5% 함유, 쌀겨에는 20% 정도 함유하고 있다. 지방산의 조성은 oleic acid가 45%, linoleic acid는 30%, palmitic acid는 20%이다. 현미는 oleic acid가 백미는 linoleic acid가 각각 40%정도를 함유하고 있다. 쌀겨기름인 미강유는 상온에서 불투명한 액체, 30~40℃로 가온하면 다시 투명해진다. 5%의 복합지질과 95%의 순지방으로 형성되었으며, 요오드가가 100.9~101.5인 반건성유이고, 짧은 시간 내에 착유하지 않으면 쌀겨에 함유된 효소(lipase)에 의해 산패 급격히 일어난다.

4) 비타민류

비타민류는 씨눈과 쌀겨에 있으며, 씨젖부에는 거의 없다. 비타민 A, C, D는 없다. 비타민 B1은 비교적 다량 함유되어 있으며, 특히 배아 부분에 많고, 배유에는 적다. 따라서 이들은 물에 녹기 쉽다

5) 무기질

무기질은 현미에 1.3%, 백미에 0.6%정도 함유되어 있다. 그들 중 인(P)이 가장 많이 들어있고, 현미에는 300 mg%, 백미에는 150 mg%이다. 칼륨(K)은 현미에는 250 mg%, 백미에는 120 mg%이다. 칼슘(Ca)은 현미에는 40mg%, 백미에는 6mg%이다. 쌀에는 인체에 필요한 칼륨, 나트륨, 칼슘, 마그네슘, 철 등이 부족하여 채소류와 부식을 통해 보충해야 한다.

※ 쌀의 도정도에 따른 소화율(%)

현미(89.6%), 5분도미(94.5%), 7분도미(95.8%), 백미(97.1%)

4. 효능 및 효과

1) 대장암 발생 억제

대장에서의 발효과정에서 낙산(酪酸)이 생겨나 대장암의 발생을 억제시킨다.

2) 건위작용

쌀은 몸을 보호하고 원기를 돋아 주고 모든 장기를 건장하게 하며 위장을 보호 한다.

3) 강정작용

자양 강장, 소화건위, 원기 회복, 해독, 지시약으로 쓰일 수 있다.

4) 해독작용

섬유질 성분이 있어 구리, 아연, 철 성분 등과 결합하여 우리 인체에 해로운 중금속이 인체에 흡수되는 것을 막아준다.

5) 성인병 예방

수분 유지력이 커서 변비를 막고, 인슐린 분비는 적어 비만, 고혈압, 동맥경화증 등 성인병을 예방할 수 있다. 또한 혈중 콜레스테롤을 낮추어준다.

6) 설사치료

모든 장기를 활발하게 하여 위장을 보호한다. 또 설사를 멈추게 하며 중독 증상을 해독 억제하는 작용도 한다.

7) 고혈압, 신장병 치료작용

쌀은 오랜 세월동안 중증의 고혈압, 신장장해, 당뇨병 치료에 이용되어왔다. 최근의 연구에서 쌀이 감자와 같은 전분식품에 비하여 insulin 비의존형 당뇨병 환자의 cholesterol 성분을 억제, 혈중 insulin과 포도당식(혈당식)을 안정시킨다고 보고하였다. 그러나 이도 현미의 효능으로 보아야 한다.

8) 이뇨작용

오래전부터 쌀 2컵에 소금 1컵, 물 1ℓ 를 섞어 삶은 것을 온수라고 하여 아이들의 이뇨제로 사용 되어 왔다.

※ 쌀을 이용한 기능성 제품 개발

쌀을 이용하여 추출한 성분들은 여러 건강증진 기능성을 평가받아 건강식품이나 화장품, 의약품 등으로의 활용이 크게 늘고 있다.

일본에서는 쌀겨 추출성분을 이용하여 당뇨병개선 기능성식품 제조기술 개발등의 기능성소재 개발을 국가 전략사업으로 추진되고 있다고 한다. 쌀의 씨눈엔 비타민 B1, B2, B6 등의 비타민 성분과 아연, 마그네슘, 망간 등의 미네랄 성분이 많이 들어 있다. 이 중 감마-오리자놀은 쌀겨기름(미강유)에서 추출정제 하여 얻는 천연물로 현재 일본에선 의약품으로 이용하고 있다고 한다. 감마-오리자놀의 기능성으로는 콜레스테롤 저하작용, 성장촉진작용, 갱년기장애 개선작용, 자율신경실조증 개선작용, 혈류량 증대작용, 티로시나제활성 억제작용 등이 알려져 있다.

쌀에 함유된 토코트리에놀은 쌀겨나 쌀씨눈의 유지성분에만 있는 토코페롤의 트리에놀 유도체다. 토코트리에놀은 콜레스테롤 저하작용 동맥경화 억제작용 유방암간암 억제작용, 항산화 작용을 하고 잇는 것으로 밝혀져 있다. 감마-아미노부티르산(γ-amino butyric acid, GABA)은 뇌대사 촉진작용이 있는 것으로 밝혀져 뇌경색뇌출혈 후유증이나 뇌혈관 장애증상을 개선하는 의약품, 혈압상승을 억제하는 의약품에 이용되고 있다. 이것이 많이 들어 있는 쌀씨 눈 식품 또는 쌀씨 눈 추출엑기스로 판매하고 있다고 한다. 쌀에 함유된 옥타코사놀 성분은 지구력증강, 근력증강, 예민성개선, 심장기능강화, 근육통개선 등의 효과가 있어,스포츠 음료나 영양음료의 중요한 소재로 이용되고 있다.

쌀씨눈은 발효시키면 페룰라산 함유량이 증가되는데, 이것은 생체내에서 내 항산화작용과 항암작용이 있는 것으로 보고되고 있다. 이와 같이 쌀씨눈의 발효과정 중에는 시스테인, 시스인 등도 증가되어 발효를 통한 소재개발도 활발해지고 있다. 쌀겨에 포함된 헤미셀룰로스는 면역능 증가에 관여하고, 피틴산의 칼슘, 마그네슘, 혼합염(피틴)으로 많이 존재하는 이노시톨-6-인산에스테르(IP6)는 항암 및 항종양 작용, 콜레스테롤 개선효과 등이 기대 되고 있다. 쌀 추출 성분들 중 세라미드는 보습효과와 아토피성피부염에도 유효하고, 쌀씨눈과 쌀겨에 함유된 스쿠알란과 스쿠알렌은 보습효과와 미백효과가 우수해서 화장품에도 이용되고 있다. 이와 같이 쌀 추출물, 쌀씨눈 추출물 또는 쌀겨 추출물은 여러 가지 형태의 기능성 소재로 가공식품에 널리 이용되고 있다고 한다.

※ 쌀과 민간 요법

식료본초에 의하면 멥쌀은 기(氣)를 늘리고, 번갈(煩渴)과 설사를 그치게 하고 멥쌀 끓인 죽은 심장병을 다스리며, 갈증을 그치게 하고 열독과 하리를 다스린다고 하였다.

호고탕야에 의하면 멥쌀과 마름을 함께 죽을 쑤어 먹으면 정력(精力)을 강하게 한다. 귀와 눈도 맑게 한다. 목이 쉬었을 때 멥쌀을 생으로 씹어 먹으면 묘하게 낫는다고 하였다.

민간 요법에는 6월경 벼의 묘가 12~15cm 정도 자랐을 때 그늘에서 말려 이것 한줌을 5홉의 물로 다려서 차를 끓일 때와 같이 하여 즙액이 우러나오면 차 대용으로 조금씩 복용한다. 이 방법은 신장병에 놀라운 효과가 있으며 심장병에도 효과가 있다고 한다.

또한 설사를 잘하는 사람이나 이질을 앓은 사람에게는 쌀이 부담없고 소화가 잘되는 식품이다. 인도의 약전에서는 미음을 훌륭한 완하제로서, 열병, 염증질환의 해열제로서, 또 비뇨장애 및 유사 질환에 좋은 약으로 꼽는다.

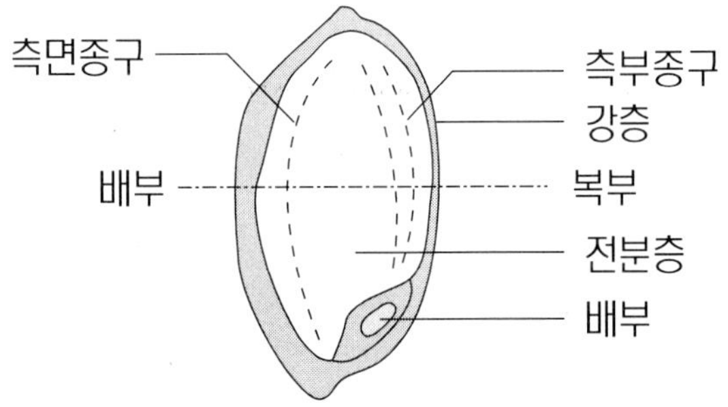

[그림 1-1] 현미의 외형

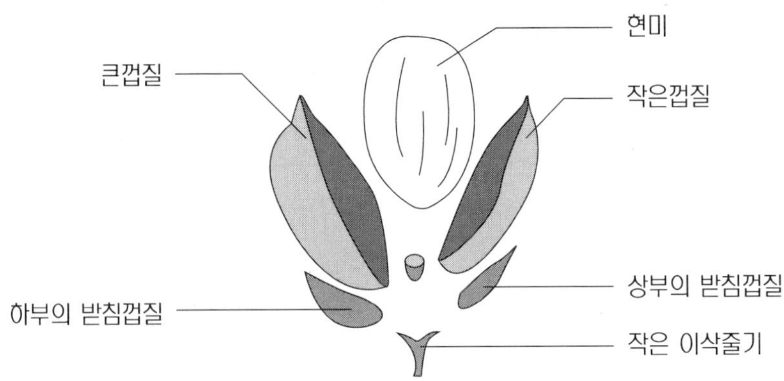

[그림 1-2] 벼의 구조

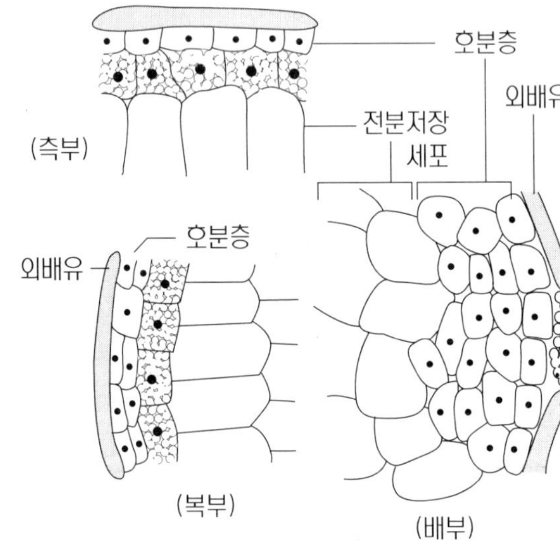

[그림 1-3] 배유의 횡단도

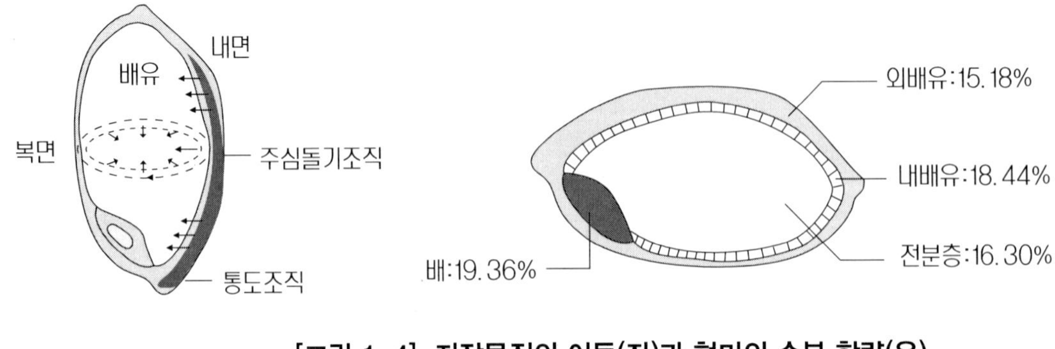

[그림 1-4] 저장물질의 이동(좌)과 현미의 수분 함량(우)

2-2 보리 (Barley, 大麥)

1. 생물학적 고찰

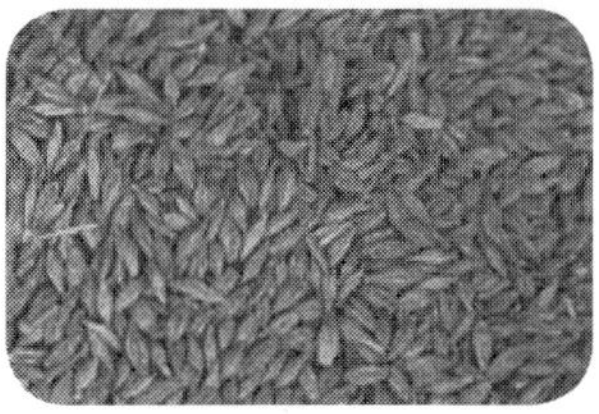

보리의 학명은 *Hordeum vulgare var. hexastichon* ASCHERS이고, 형태는 주요 재배식물로 높이 1m 정도, 마디가 높고 원줄기는 둥글며 속이 비어 있고 마디 사이가 길다. 잎은 어긋나고 넓은 줄 모양의 바소꼴로 뒤로 젖혀지지 않으며, 너비 10~15mm이고 녹색 바탕에 다소 흰빛 잎자루는 잎 집으로 되어 원줄기를 완전히 둘러싸고 녹색으로 털이 없으며 잎혀는 짧다. 이삭은 줄기 끝에 달리고 한 이삭에는 15~20개의 마디가 있으며 한 마디에는 3개의 영화가 달린다. 한 마디에 달리는 3개의 영화가 모두 여물어서 얼기설기 달리므로 씨알의 배열이 6줄로 되어 여섯줄보리가 되고, 3영화 중 가운데 영화만 여물고 2개의 영화는 퇴화되어 씨알이 2줄로 배열되는 것은 두줄보리가 된다.

보리의 주요한 특징으로 보리의 거친 껍질에는 섬유질, 회분, 펙틴 성분이 많고, 탄수화물이 75%정도(이 중 60% 가량이 전분)이고, 곡류로 성숙할 때 껍질이 낱알에 강하게 밀착하여 껍질을 제거하는데 어려움이 있다. 보리는 완전히 정백하여도 호분층의 일부가 남으며, 10분 도정을 한다 해도 먹기가 어려워 가공 원료로도 부적합하다. 실용성이 거의 없으므로 납작보리(압맥)로 만들거나 분말로 만들어 식용 또는 가공원료로 사용한다. 압맥은 껍질보리와 쌀보리 등의 종피를 없앤 후 고열 증기로 찌고 롤러로 납작하게 눌러 건조시킨 것으로 조직이 파괴되어 통보리쌀보다 소화율이 높다.

2. 분포 및 유래

보리는 세계에서 가장 오래된 작물 중의 하나로 7,000~10,000년 전에 재배를 시작하여 중앙 아시아 근방이 원산지이고, 생산지는 러시아, 독일, 프랑스, 영국 등의 유럽과 캐나다, 미국, 중국 등지 이며, 그 중 러시아가 제1의 생산국이다. 생산량은 쌀, 밀, 옥수수 다음으로 많은 것으로 아려지고 있으며, 우리나라는 겉보리와 쌀보리가 생산되며 전남지역에서 많이 생산되고 있다.

유래로는 과거에는 주식으로 많이 사용되었고 소맥인 밀보다 양식으로 더 중요시되었으므로 대맥이라 불렀다. 유럽에서 맥주보리가 널리 재배되기 시작한 것은 16~17세기 이후이고, 우리나라는 삼한 시대 이전, 중국에서는 기원 전 2,000년경에 이미 그 재배법이 확립되었다고 한다.

3. 품종, 성상, 모양 및 특징

보리의 품종은 보리 껍질의 분리 정도에 따라 겉보리(피맥)와 쌀보리로 구분한다. 겉보리는 성숙 후 껍질이 종실에 밀착하여 분리되지 않는 것을 말하고, 일반적으로 보리라고 말하는 것이다. 천립중량(종자의 크기를 1,000립 중량으로 나타내는 것)은 30~45g이다. 1L 중량은 600g이고, 비중은 1.23이다. 쌀보리는 성숙 후 껍질이 종실에서 잘 분리되는 것을 말하고, 천립중량이 30~40g이다. 1L 중량은 700g이고, 비중은 1.22이다.

이삭 배열 형태에 따라서 6조종, 4조종, 2조종 및 부제조 대맥으로 구분한다. 6조종(육조대맥)은 이삭이 여섯 줄로 붙은 것으로 북동아프리카 에티오피아가 원산지이고, 전분 함량이 75%이하이며 단백질 함량은 12%이상이며, 주로 식용 및 사료용으로 이용한다. 4조종(사조 대맥)은 이삭이 네 줄로 붙어 있다. 2조종(이조 대맥)은 이삭이 두 줄로 붙은 것으로 남동아시아가 원산지이고, 전분이 75% 및 단백질은 10%정도이며, 주로 맥주양조용으로 널리 이용된다. 부제조대맥은 이삭이 두 줄 또는 여섯 줄로 불규칙하게 배열된 것을 말한다.

4. 구성 성분

1) 영양성

보리에는 비타민 B6, 판토텐산, 엽산 등의 함량이 쌀보다 5, 3, 14배 높게 들어 있고 철분, 무기질도 다량 들어 있다. 아미노산 중 라이신(lysine)은 다소 많지만 시스틴(cystine)이나 트립토판(tryptophan)이 적다.

2) 전분

당질이 75% 정도이고, 그 중 60%가량이 전분이다. 호화 개시 온도는 겉보리 53℃, 쌀보리 57℃이고, 호화 완료 온도는 겉보리 59℃, 쌀보리 62.6℃이며, amylose 및 amylopectin의 함량비는 겉보리가 29.4:70.6, 쌀보리는 28.2:71.8이다.

3) 단백질

단백질 함량은 10% 정도로 단백질의 약 80%가 배유에 함유되어 있으며, 대부분 prolamin인 hordein과 glutelins으로 되어 있다.

4) 비타민류

배유의 내부에 분포하므로 도정에 의해 손실이 적은 편이라 하지만 보리 중의 비타민 A와 C의 함량이 지극히 적으며,비타민 B1과 B2는 도정 후에도 비교적 손실되지 않고 남아있다.

5) 보리의 기능성

주로 섬유질, β-glucan, allantoin, pentosan 등에 의한다.

5. 효능 및 효과

1) 혈중 cholesterol 저하작용

보리 중에 함유하고 있는 식물성 섬유의 하나인 β-glucan의 작용이다.

2) 다이어트 기능

섬유소의 함량이 높고 열량은 적으며 답즙의 배설 촉진을 통하여 지방 성분의 흡수를 억제한다.

3) 혈당조절작용

섬유소는 탄수화물의 분해흡수 저해하여 혈당을 조절한다.

4) 항암작용

보리에는 항암물질이 들어 있는데 protease inhibitor라 불리는 물질이 장내에서 발암물질의 움직임을 억제하여 암을 예방한다. 발암물질인 니트로사민을 흡착하여 장암 예방한다.

5) 변비개선 및 이뇨작용

보리에 함유된 다량의 섬유소(쌀의 5배 이상), 위를 따뜻하게 하고 장을 느슨하게 하며 이뇨의 효과, 음식물의 장내통과 시간 단축, 담즙산의 재흡수 억제하여 항지혈 효과를 나타낸다. 또한 중금속의 체외 배설을 촉진한다.

6) 창상 및 궤양 치료작용

보리에 함유된 allantoin은 화농된 창상이나 완고한 궤양의 치료를 촉진한다.

6. 독성 및 부작용

보리의 낟알 속에는 trypsin과 chymotrypsin 같은 저해물질이 들어 있다. 이러한 보리를 닭이나 쥐에게 먹이면 췌장이 비대해 진다.

2-3 밀 (Wheat, 小麥)

1. 생물학적 고찰

밀의 학명은 *Triticum aestivum* L.이고, 형태는 잎은 넓은 바소 모양이고 길이가 13~15cm, 폭이 1~2cm, 길이는 5~6mm, 폭이 3mm, 두께가 2~3mm, 1,000개의 무게는 30~40g이다. 싹이 틀 때 3개의 씨뿌리가 나오고 점점 증가해 7~8개가 된다. 뿌리는 보리보다 더 깊이 들어가므로 수분과 양분의 흡수력이 강하여 가뭄이나 척박토에도 잘 견딘다.

2. 밀의 종류

밀은 전 세계에 약 22종이 있으며, 보통계 밀(*T. aestivum*)과 1립계 밀, 2립계 밀, 티모피비계 밀로 나눈다. 보통계 밀은 세계 재배 면적의 90%를 차지하고 있으며 한국도 여기에 포함된다. 마카로니 밀(*T. durum*)은 중앙 아시아 아프리카 북아메리카 재배한다. 마카로니 밀은 밀 중에서 가장 경질이고, 마카로니, 스파게티 등에 사용하며, 세계 밀 생산량의 5%를 차지한다.

식량으로서의 밀은 쌀과 함께 세계의 2대 식량 작물이고, 서양은 주식량이나 동양은 보조식량으로 이용된다. 밀의 용도는 90% 이상이 제분되어 제면 · 제빵 · 제과 등의 공업용으로 이용되며, 간장과 된장의 원료, 사료, 밀짚모자 등의 제조에 이용된다.

3. 분포 및 유래

밀의 원산지는 아프카니스탄에서 카스피해 남안지역이고, 온대 또는 한랭한 지역, 기후에 대한 적응력이 강하여 전 세계적으로 재배되고 있다. 밀은 인류가 농경을 시작한 1만~1만 5000년 전에 재배된 가장 오래된 작물로 석기시대에 이미 유럽과 중국에서 널리 재배되었다. 우리나라의 경우는 B.C. 200~100년경의 것으로 추정되고, 평안남도 대동군 미림리, 경주의 반월 성지, 부여의 부소산 백제 군량창고의 유적에서도 밀이 발견되었다고 한다.

4. 구성 성분

1) 단백질

밀에는 단백질이 7~14%이고, 전체 단백질의 40%은 gliadin과 glutenin이다.

2) 탄수화물

전분은 60~70%이고, 이 중 amylose 함량은 약 25%이다. 기타 sucrose, raffinose, glucose, fructose, pentosan, hemicellulose, cellulose 등을 함유 한다. 전분 입자는 냉수에는 녹지 않지만 끓는 물에는 입자가 팽윤하고 더욱 가열하면 파열한다.

3) 지방

밀에는 지방이 2% 정도 함유되어 잇으며, 과피와 호분층에 30%, 배아에 50%, 배유에 20% 정도 존재한다. 지방산은 oleic, linoleic acid, palmitic acid 등으로 구성되었다. 기타 비타민 E와 스테롤(sterol)은 양적으로 적으나 밀가루가 저장되는 동안 산화를 일으켜서 밀가루를 숙성시켜 준다.

4) 무기질

회분으로 1.5%~2%정도 함유하며, 회분이 많은 밀은 과피가 두터운 것으로 밀가루 품질 평가 기준이 된다. 회분이 0.35%이면 고급분, 1.5% 정도이면 저급분이고, 일반적으로 식용에 이용하는 밀가루의 회분 함량은 0.7 정도이다. 즉 밀기울이 적게 함유되고 상등급으로 회분 함량이 높을수록 제분율이 낮음을 의미한다. 무기질은의 종류는 칼륨(K), 인(P), 황(S), 마그네슘(Mg)의 순으로 많이 존재한다. 인(P)은 phytin 태로 많이 들어 있다.

5) 비타민

비타민 B군은 배아와 호분층에 많으며 특히 배유부에도 많이 함유하고 있다. 비타민 B1은 배유에도 함유되어 있어 제분하더라도 50~70% 남고, 소맥분은 물로 씻지 않으므로 그 손실이 없으나 빵을 만드는 동안 15~20% 손실되고, 구우면 다시 10% 손실된다. 빵이나 비스킷을 만들 때 중조나 탄산암모니아 등의 알칼리를 사용하면 비타민 B1은 대부분 손실된다. 비타민 E군은 배아에 많이 함유하고 있다.

6) 효소

밀의 효소로는 전분분해 효소인 amylase, 단백질 분해효소인 protease, 지방 분해효소인 lipase, phosphatase 등이 있다. tyrosinase는 tyrosine을 산화하여 밀가루의 빛깔을 나쁘게 한다.

7) 색소

배유부에 carotenoid계 색소가 들어 있어 황색을 나타내므로 과산화질소, 과산화벤조일, 이산화염소 등의 표백제를 사용하여 carotenoid를 분해 탈색한다. 밀기울에는 flavonoid계 색소인 tricin이 미량 함유되어 있으며 이것은 탈색이 되지 않는다. 밀가루의 품질을 좌우하는 밀기울의 혼입 정도를 색깔에 따라 판단한다.

※ 글루텐 (Gluten)

Gliadin과 glutenin단백질에 물을 넣고 이길 때 두 단백질이 서로 결속하여 만들어진 특수 단백질로 점도와 탄력이 생기고 발효에 의하여 해면상 조직을 이뤄 빵의 골격을 이루는데 글루텐의 함량에 따라 밀가루의 종류가 달라진다. 아미노산 조성은 약 37%가 글루탐산이고 그밖에 leucine, proline, arginine등이 있으나 lysine, tryptophan, 함황 아미노산 등의 필수아미노산이 부족하고 lysine이 제한인자가 되기 때문에 단백가는 47정도로 낮다.

※ 글루탐산 (glutamin acid)

조미료의 하나인 MSG(mpnosodiumglutamate) 제조에 이용되기도 했으나 현재는 미생물을 이용한 발효법으로 대부분 제조한다.

표 2-1. 용해성에 의한 밀 단백질의 분류

단백질의 종류	용해성
알부민(albumin)	수용성으로 열에 의해 응고
글로부린(globulin)	묽은 중성염용액에 용해
글리아딘(gliadin)	중성염용액에 불용이면, 중성에탄올 용액(60~70%)에 가용
글루테닌(glutenin)	중성염용액 및 에탄올에 불용, 묽은산 또는 염기에 가용

5. 효능 및 효과

1) 변비 치료작용

변비를 치료함과 동시에 치질, 게실증, 정맥혹, 탈장, 결장암의 원인 감소시킨다.

2) 결장암 예방작용 :

일반적으로 소화과정에서 결장에는 담즙산이 넘치게 되는데, 이것이 결장암의 촉진인자가 된다. 식품 중의 농약 잔류물도 결장을 통과하는 발암물질 중의 하나이다.

6. 독성 및 부작용

① 밀을 많이 섭취하면 이뇨의 원인이 될 수도 있다. 게실증이 발생할 경우에는 의사와 상담하여야 한다.

② 밀기울을 너무 많이 먹으면 설사의 원인이 될 수도 있다.

③ 밀기울과 같이 특별히 고식물 섬유질인 식품을 일종의 장관 염증인 크론병(Crohns disease)을 가진 사람에게 권해선 안된다.

2-4 귀리 (Oat, 燕麥)

1. 생물학적 고찰

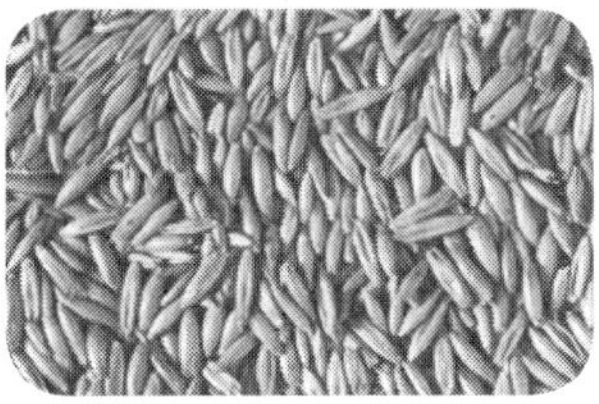

귀리의 학명은 *Avena sativa* L.이고, 형태로 높이는 30~100cm 정도이며 밑 부분에서 뭉쳐난다. 줄기는 곧게 서고 털이 거의 없으나 마디에는 아래로 향한 털이 난다. 잎은 길이 15~30cm, 너비 6~12mm로 밀보다 조금 넓다. 꽃은 5~6월에 길이 20~30cm의 원추꽃차례로 핀다. 열매를 곱게 빻은 것을 오트밀이라 하여 식용하고 알코올 생산, 과자의 원료 또는 가축의 사료로 이용한다. 이것은 연맥(燕麥) 또는 작맥(雀麥)이라고도 부른다.

2. 분포 및 유래

귀리의 원산지는 중앙아시아 아르메니아지방이고, 주산지는 미국, 러시아, 캐나다, 프랑스이다. 전파 경로는 유럽에는 B.C. 2,000~1,300년경에 전파되었고, 중국에서는 600~900년경에 재배를 시작하였다. 우리나라는 고려시대에 원나라가 침입할 때에 말 먹이로 가져온 것이 재배의 기원이며, 강원도 산지의 화전에서 에서 많이 재배되지만 별로 보편화되지 않은 작물이다.

3. 구성 성분

1) 단백질

약 13~13.5% 함유, 글로불린(globulin)이 약 80%를 차지하고, prolamin 함량은 낮은 편이고 라이신(lysine)의 함량도 적다.

2) 당질

당질은 약 55.5% 함유하고 있다. 이 중 전분은 65~86%이고, 아밀로오스 함량은 21~28%이다.

3) 지방질

지방질은 4~12%를 함유하고 있다. 지방산의 조성은 palmitic acid, oleic, acid, linoleic acid 등이 약 95%이다. 이들 중 75~80%가 불포화지방산이고, 리놀레인산이 전체 지방산의 40~45% 차지한다.

4) 식이 섬유

부피가 큰 대변을 만들어 변비 예방 및 치료에 효과적이다. 담즙산 제거하여 콜레스테롤 저하시키며, 펜토산이 함유되어 있어 오트밀은 겔성을 가진다.

5) 기타

Protease inhibitor, vitamin B, 무기성분(칼슘, 인, 철)이 함유되어 있다.

4. 효능 및 효과

1) 혈중 cholesterol 강하 작용

혈중 콜레스테롤치 강하, LDL 강하, HDL cholesterol치를 증가시킨다.

2) 피부 소염작용

염증을 촉진하는 prostaglandins의 생성을 강력하게 저지한다. 접촉 습진과 같은 일종의 피 부병에 대한 소염력을 갖고 있다.

3) 변비 개선작용

섬유소에 의한 변의 용적양 증가에 의해 변비를 개선한다.

4) 항암작용

프로테아제(protease)의 작용을 억제하는 물질을 고농도로 함유 장관 안에서 특정한 바이러스와 발암물질의 활성을 억제한다.

5. 이용

1) 사료로 이용

겉곡식은 사료, 특히 말의 사료로 이용, 영양가가 높고 많이 먹여도 소화불량을 일으키지 않는다. 풋베기한 것은 녹비와 녹사료로 이용한다. 귀리는 분열력 높고 생육 속도가 빠르고 영양 가치가 높으며, 가축의 기호도가 높아 축산농가에서 사료 작물로서 인기가 높다.

2) 식용 이용

식용으로는 오트밀, flake, 제과 및 제빵의 원료로 많이 사용한다.

3) 미용제품

세정제인 비누, 로션, 샴푸제조에 이용되고, 자외선 차단제로서로 이용된다.

2-5 수수 (Sorghum, 高粱)

1. 생물학적 고찰

수수의 학명은 *Sorghum bicolor* Moench이고, 이명은 고량미(高粱米), 고량(高粱), 촉서, 고랑, 로속(蘆粟)이라고 말하며 영어로는 sorghum이다. 형태는 높이 1.5~3m이며 표면은 굳고 흰색의 납질물이 있으며 속이 차 있다. 줄기에는 10~13개의 마디가 있고 줄기 끝에 이삭이 달린다. 잎은 마주나고 길이 50~60cm, 나비 5cm정도로 1줄기에 10개 정도, 수수알은 길이 2~3mm, 나비 2mm 정도, 빛깔은 흰색, 노란색, 갈색, 붉은 갈색이다. 척박하고 건조한 땅에서도 잘 자라며 조생종은 화곡류(禾穀類) 중에서 생육기간이 가장 짧아서 파종 후 약 80일이면 수확하며, 고랭지 및 개간지 등에 재배가 가능한 작물이다. 배젖의 녹말 성질의 차이에 따라서 메수수와 찰수수로 구분한다.

2. 유래 및 분포

수수는 신석기시대부터 아시아와 유럽 일대에서 재배되었고, 중국에서는 오곡의 하나로서 고대로부터 중요한 작물로 취급되어 왔다. 원산지는 동아시아에서 중앙아시아에 걸친 대륙성 기후의 온대지방에서 재배되고 있다. 우리나라의 수수 재배 상황은 북한 지역이 비교적 재배면적이 넓고, 남한에서는 강원 및 경기에서 일부 재배하고 있다.

3. 구성성분

전분은 약 76%이고, 사탕수수 줄기에는 13% 내외의 당분 함유하고 있다. 단백질은 약 9.5~10%이고, 구성 아미노산은 트립토판이나 시스틴 같은 함황 아미노산이 결핍되어 있다. 지방은 약 2.1% 함유하고 있다. 비타민은 A와 B군이 있으며, 비타민 B은 강층에 다량 함유되어 있으나 도정에 의해 손실된다.

4. 효능 및 효과

① 항암 효과 : 쌀, 현미, 통보리, 통밀, 수수, 차조, 율무 등의 곡물 중 항 돌연변이 효과가 86%로 현미 60%보다 우수하다. 발암을 억제 및 항산화 물질은 탄닌과 페놀성분, 수수의 겉껍질에 들어있는 각종 색소이다.

② 체온유지 작용

③ 위장 보호작용

④ 소화 촉진작용

⑤ 해독작용 : 수수의 뿌리를 삶아서 액을 마시면 이뇨작용이 강하고 신진대사를 도와주고 해독 작용이 있으므로 주독이나 약물 중독증을 해독한다.

⑥ 기침, 해소 개선작용 : 천식으로 인한 기침과 해소를 위해, 수수와 차조기 및 은행을 각각 같은 양으로 넣어 달여서 하루에 세 번씩 식전에 마시면 효과가 있다고 알려졌다.

5. 이용

1) 수수팥떡

어린 아이의 생일이나 돐에 많이 먹는다. 이것은 나쁜 귀신이 붉은색을 싫어하므로 이의 접근을 막고 건강하게 자라라는 의미라고 한다.

2) 공업용 원료

수수의 전분, 공업용 원료, 사료(잎과 줄기), 설탕 제조(사탕수수), 수수쌀은 엿, 과자, 떡, 술 등의 원료로 이용한다.

※고량 (高粱 : Sorghum nervosum Bess. et Schult)

- 형태 : 높이 약 2m이다. 줄기 끝에 이삭이 달린다. 잎은 어긋나고 길이 60cm, 나비 6cm 정도로서 끝이 처지며 붉은 갈색을 띤다. 꽃은 원추꽃차례로 꽃이삭에 많은 꽃이 빽빽이 달리고 꽃가지가 반 정도 돌려난다. 영과는 영 사이에서 드러나지 않고 외영(外穎)은 거의 전체에 걸쳐 맥이 뚜렷하다. 내영(內穎)은 긴 까끄라기가 있으며, 각 마디에 대가 있는 수꽃이 1~2개씩 달린다. 암꽃은 꽃대가 없고 넓은 달걀을 거꾸로 세운 모양 또는 타원형이며 밑 부분에서 털이 다발로 난다.
- 특징 : 외떡잎식물 벼목 화본과의 한해살이풀이다. 중국 동북부의 주산지에서는 열매를 가루를 내어 주식으로 하고 차진 품종으로는 엿이나 술(가오량주)을 만든다. 중국 중부, 특히 동북부 만주 지방에서 많이 재배하며 한국에도 재래 품종이 있으나 재배량은 적다.
- 분포 : 중국 중부와 동북부(만주), 한국 등에서 재배한다.

2-6 조 (Barn grass, 粟)

1. 생물학적 고찰

조의 학명은 *Setaria italica* (L.). BEAUV.이고, 형태는 높이 1~1.5m이고 가지를 치지 않는다. 잎은 바소꼴이고 가장자리에 잔 톱니가 있으며 밑부분이 잎집, 영과는 황색이고 둥글며 떨어진 다음 포영이 남는다. 영문명은 Barn grass 또는 Chinese corn라고 부루며, 속명의 *Setara*는 라틴어의 seta(강한 털)에서 유래하며, 종명의 *italica*는 이탈리아 산을 의미한다. 쌀이나 보리와 함께 주식의 혼반용 또는 엿, 떡, 소주 및 견사용의 풀, 새의 사료 등으로 이용한다. 줄기에는 daphini류가 들어 있어 유독하다.

2. 유래 및 분포

조의 원산지는 중앙아시아에서 인도 서북부 지역이고 pearl millet은 아프리카가 원산지이다. 중국에서는 B.C. 2,700년에 이미 5곡(五穀)의 하나였으며, 우리나라에서는 옛날부터 구황작물(救荒作物)로서 중요하다. 가뭄을 타기 쉬운 산간지대에서는 밭벼 대신 재배하였으며, 한때는 보리 다음으로 많이 재배했던 밭작물이다.

3. 구성 성분

당질은 약 72%를 함유하고 있다. 단백질은 약 11% 함유하고 있으며, 이 중 prolamin과 glutelin이 전체 단백질의 각각 40%, 필수 아미노산 중에서 lysine이 부족하고 leucine이 많다. 지방질은 2~5%, 조섬유는 2~3% 함유하고 있다. 무기질은 2.0~3.5% 정도이고 인이 0.2~0.4%, 칼륨이

0.3~0.4%, 칼슘이 0.02~0.06%, 철이 0.002~0.01%를 함유하고 있다. 비타민은 비타민B1 및 B2가 많다.

4. 효능 및 효과

① 정장작용

② 욕창 치료작용

③ 불면증 치료작용

④ 폐병 치료작용

2-7 메밀 (Buck wheat, 喬麥)

1. 생물학적 고찰

메밀의 학명은 *Fagopyrum esculentum* Moench이고 교맥(喬麥)이라고도 불리운다. 형태적 특징으로 높이는 60~90cm이고 줄기 속은 비어 있음, 뿌리는 천근성이나 원뿌리는 90~120cm에 달하여 가뭄에 강하다. 꽃은 백색이고 7~10월에 무한꽃차례로 무리지어 피며, 열매는 성숙하면 갈색 또는 암갈색을 띠며 모양은 세모이다. 메밀은 건조한 땅에서도 싹이 잘 트고 생육기간이 60~100일, 생육기간이 짧고 기후에 대한 적응력이 강하다. 불량환경에 적응하는 힘이 특히 강하다. 이른 씨뿌림을 하는 여름메밀과 늦은 씨뿌림을 하는 가을메밀이 있다. 원산지는 야생종이 발견된 지역인 바이칼호와 중국 북동부, 아무르강 일대를 중심으로 한 동부 아시아의 북부 및 중앙아시아 이다. 중국은 당나라 때 처음 알려졌으며 송나라 때에는 널리 재배되었다고 한다. 용도는 사료로 쓰며, 잎은 채소, 종자의 열매는 메밀쌀, 가루는 메밀묵이나 면 제조에 이용한다. 메밀 종실의 루틴 함량은 여름메밀 품종이 가을메밀 품종에 비하여 훨씬 높다. 메밀은 종실뿐만 아니라 잎, 줄기, 뿌리, 꽃 등의 각 조직에 루틴을 함유하고 있다. 아밀라제나 말타아제 같은 효소를 포함하고 있어 오래 저장하기 어려우나 소화 흡수가 용이하다.

2. 구성 성분

1) 탄수화물

탄수화물은 약 73% 정도 함유하고 주로 전분이고, 아밀로오스가 약 25% 차지한다. 메밀종실의 주성분은 탄수화물로 된 전분이고, 전분입자는 직경이 4~15㎛이고 비교적 쉽게 당화 된다. 메밀의 씨젖에 있는 수용성 다당류는 크실로오스, 만노스, 갈락토오스, 글루쿠론산으로 구성되었다.

2) 단백질

단백질은 약10~12% 함유되어 있으며 물에 녹기 쉽다. 라이신, 트립토판 같은 곡류에 부족한 필수 아미노산을 함유하고 있으며, 단백가가 80으로 우수한 식품이다. 특히 쌀에 부족한 라이신이 6.1%로 풍부하다. 메밀 단백질은 글로불린으로서 탈지우유 값의 92.3%, 삶은 달걀의 81.4% 해당한다.

3) 지방

지방은 약 2%정도 함유되어 있고 지방산은 리놀레산이 5% 이상이다. 메밀 종실의 씨눈, 씨젖, 종피, 과피에 대한 지질함량은 각각 8.2%, 0.4%, 2.0%, 0.5%이다. 메밀기름은 18종의 지방산으로 구성되어있으며, 이들 중 팔미트산, 올레인산, 리놀산, 리놀렌산이 95% 이다.

4) 기타

무기질은 인(P), 칼슘(Ca), 철(Fe), 망간(Mn) 등이 함유되어 있다. 비타민 B1 및 B2도 풍부하게 함유하고 있다.

3. 효능 및 효과

1) 동맥경화 예방 및 치료작용

모세혈관을 보강시켜주는 루틴(rutin)인 비타민 P를 함유하고 있어 모세혈관의 저항력을 향상시켜 출혈을 방지하여 고혈압과 동맥경화증에 효과적이다. 머리가 무거운 느낌, 목이 뻣뻣한 느낌, 가슴 두근거림, 언어장애, 숨가쁨, 이명, 팔 다리 저린감, 변비 등의 증상이 개선된다고 한다.

2) 루틴(rutin)에 의한 효과

혈관의 저항력을 향상시켜 고혈압과 동맥경화증에 유효하다. 또한 녹내장, 당뇨병, 암 등의 성인병 등의 예방과 치료를 위한 식이요법 작물로 중요하다. 또한 루틴은 혈관의 지나친 투과성을 억제 시켜준다.

3) 섬유질 다량함유

메밀에 함유된 섬유질은 변비, 치질 및 대장암의 예방에 효과적이다.

4. 독성 및 부작용

① Trypsin과 chymotrypsin 저해 물질을 함유하고 있는 메밀 등의 곡류를 장기간에 걸쳐 쥐에게 투여했을 때 췌장이 비대해진다. 적당히 열을 가하면 대부분의 저해 물질은 소실되거나 저하된다.

② 몸이 차고, 찬 음식을 먹으면 소화가 안 되며, 때로 설사나 물 변을 보는 사람과 저혈압 환자, 평소부터 위장이 허약하고 파리한 사람은 메밀을 피해 야 한다. 만약 이런 증상이 있을 때 먹으면 정신이 혼미해지고 어지럽게 된다.

※ 메밀과 민간요법

[민간요법]

· 메밀가루를 술로 반죽하여 타신(打身)과 손가락 병 등에 바르면 효과

· 메밀가루에 명반을 섞어 분말로 만들어 이것을 풀로 반죽하여 습창 등에 바른다.

· 한방명은 교맥(蕎麥)으로 약성이 달고 차며 오장의 기능을 단련시켜 주며, 익기(益氣) 작용과 혈압 조절 작용

· 생것 그대로도 소화가 잘 되는 음식으로 입산 수도 인들의 주식으로 이용

· 옛날부터 메밀 깍지를 베갯 속 재료로 사용

[고전문헌]

· 식료본초 : 메밀은 장과 위를 튼튼히 하고 기력을 늘인다. 정신을 맑게 하고 오장의 부패물을 없앤다(식료 본초).

· 본초강목 : 메밀은 적체(積滯)를 없애고 풍통(신경통)을 그치게 하며 설사를 멋게 한다. 메밀은 몸을 차게 하는 작용이 있

어서 위장이 허약하고 차가운 사람이 많이 먹으면 기운을 잃고 머리 털과 눈썹이 빠진다.

3장 서류(薯類)

감자류에는 감자, 고구마 외에 토란, 카사바, 마 등이 있는데, 감자 이외의 것은 열대에서 온대에 이르는 온난한 지방에서 재배된다. 서류는 재배에 비교적 손이 덜 가고 수확도 쉬워, 열대지방에서는 계절에 관계없이 곡류보다 오래 전부터 재배되어 주식으로 이용된 것으로 추측된다. 그러나 곡류에 비하여 저장하기 어렵고 칼로리당 중량이 크다는 결점이 있어서, 교역 및 조세의 대상으로는 적당하지 않다.

3-1 서류의 일반적 특성

1. 특성

지하의 괴경, 구경, 괴근을 식용으로 하는 근채류를 말한다. 대부분, 전분 및 기타 다당류를 다량 함유하므로 곡류의 대용 또는 전분 원료로 재배한다. 종류로는 감자, 고구마, 카사바, Yam(마), 돼지감자 등으로 식물학적인 근연관계는 없으나 이용성이 유사하다. 일반적으로 무기질의 함량이 높고 알칼리성 식품이며, 수분 함량은 곡류보다 높아 저장성이 불리하다.

2. 성분

1) 탄수화물

고구마, 감자 및 cassava는 주로 전분으로 구성되었다. 수용성 당질의 함량은 감자는 낮고 고구마는 높다. 돼지감자는 inulin으로 구성되었다.

2) 단백질

단백질의 함량은 낮은 편이며 주로 globulins이며, 고구마는 ipomain, 감자는 tuberin 단백질로 구성되었다.

3) 효소, 비타민, 무기염류

효소는 β-amylase와 polyphenolase가 함유되어 있다. Vitamins은 비타민 C의 함량이 높다. 무기염류는 칼륨(K)이 높고, 칼슘(Ca)의 경우는 고구마는 높으나 감자는 적게 함유되어 있다.

4) 특수성분

서류에 포함된 polyphenols과 phenolics 물질들은 polyphenol oxidase의 기질로 작용한다. 고구마에는 carotene 색소와 카사바에는 linamarin이 있다. 감자의 독성물질이고 saponin의 일종인 solanine과 고구마의 phytoalexin은 독성을 야기한다.

3-2 감자 (Potato, 北甘藷)

1. 특성

통화 식물목 가지과의 식용식물. 여러 해 살이풀로 땅속줄기의 각 마디에서 보통 1개씩의 가는 줄기가 나와 그 끝이 비대해져서 우리가 먹는 덩이줄기가 형성된다. 덩이줄기에 오목오목 들어간 부분이 나사꼴로 자리 잡고 있는데, 여기에 눈이 숨어 있으며, 이 눈이 싹터 자람으로써 영양생식이 된다. 감자는 마령서(馬鈴薯) 또는 북감저(北甘藷)라고도 불리우며, 페루와 칠레 등의 안데스 산맥이 원산지로 온대지방에서 널리 재배한다. 높이는 60~100cm이고 독특한 냄새가 난다. 땅속에 있는 줄기마디로부터 가는줄기가 나와 그 끝이 비대해져 덩이줄기를 형성한다

감자의 주성분은 녹말이며 적은양의 단백질도 질이 월등하며, 비타민 C가 많아 감기를 예방하고 간에 해로운 물질을 해독해 준다. 칼슘은 심장의 활동과 호르몬의 분배를 조절하여 몸의 전반적 기능을 좋게 한다. 펙틴은 장의 연동운동을 강화시켜 음식물의 소화 흡수를 잘 되게 하고 장내 음식물의 부패를 막는다. 철분은 비타민 C와 함께 몸에 흡수되어 피를 만드는 작용을 하여 빈혈 예방과 치료에 큰 도움이 된다.

2. 성분

감자는 수분이 70~84%, 탄수화물 19g, 단백질 1.5g, 지방은 0.2%, 회분 1.2g 내외이고, 아미노산의 조성은 매우 양호하다. 무기질은 칼슘 3mg, 인 62mg, 철 1.6mg 내외이고, 비타민은 일반적으로 적은 편이지만 비타민 B1 0.17mg, 비타민 C 18mg 내외로 풍부하다. 감자의 알기닌 성분은 궤양의 출혈을 막아 소염하고 소독하여 보호막을 만드는 놀라운 구실

을 한다. 사포닌 성분은 호르몬의 분비를 촉진시키고 콜레스테롤을 녹여 피를 맑게 하는 작용을 한다. 감자속의 칼륨은 인체에 독이 되는 나트륨을 몸 밖으로 시원하게 몰아내버리는 역할을 한다.

※ 감자와 한방

당뇨병을 앓고 있는 사람들은 매일 감자생즙을 꾸준히 먹어주면 뛰어난 효험을 본다. 위장계통의 질환이나 고혈압 환자에게도 매우 효과적인 식품건강법이다. 감자는 안정된 비타민C가 풍부한 식품이다. 비타민C는 열에 약하고 물에 녹기 쉬운데 감자에 들어있는 비타민C는 열을 가하면 녹말질이 막을 만들어 보호하므로 조리 후에도 비타민C가 파괴되지 않는다. 또 과일에 들어있는 비타민C는 수확 뒤에는 급속히 줄어드는데 감자에 들어있는 비타민C는 보관 중에도 별로 줄어들지 않는다. 감자에는 또 칼륨도 많아서 요즘과 같이 가공식품이나 인스턴트식품을 섭취함으로써 몸속에 과잉되기 쉬운 나트륨의 체내 잔유를 배출하여 적정선을 유지하도록 하는 작용이 있는데, 이것은 현대인의 건강을 지키기 위하여 매우 중요한 작용이라고 하겠다. 감자 녹즙은 동맥경화, 고혈압, 신장염, 간장병, 위장병, 당뇨병, 고혈압, 뇌졸증, 기침, 천식, 불면증 등 현대 성인병에 좋은 효과가 있는 것으로 알려졌다.

※ 감자탕

[재 료]

돼지등뼈, 감자, 대파, 마늘, 생강, 간장, 고춧가루, 술 약간, 소금, 후춧가루

[만드는 법]

① 돼지등뼈는 큼직하게 토막 내 하룻 밤 정도 찬물에 담갔다가 핏물이 빠지면 건진다.

② 냄비에 물을 넉넉히 붓고 돼지등뼈를 넣어 끓이다가 도중에 물을 한번 따라 버리고 다시 물을 부어 끓인다.

③ 감자는 껍질을 벗긴 뒤 2등분하여 냉수에 담갔다가 건져 물기를 빼 놓는다.

④ 굵은 파는 길이대로 길게 자르고 마늘, 생강은 곱게 다진다.

⑤ 냄비에 물을 넉넉히 붓고 손질해 놓은 감자를 넣어 삶는다. 너무 푹 익지 않았을 때 체에 밭쳐 건져낸다.

⑥ 양념장은 분량의 고추가루에 다진 마늘, 생강, 진간장, 술, 소금, 후추가루를 골고루 섞어 만든다.

⑦ 큼직한 냄비에 삶은 돼지등뼈와 감자를 담고 끓여낸 뼛국물을 부어 센 불에서 팔팔 끓인다.

⑧ 감자가 익고 국물이 반쯤 줄면 불을 줄이고 준비한 양념 고추가루를 분량대로 간을 맞춘다.

⑨ 얼큰한 맛을 내려면 양념장에 고추가루를 넉넉히 넣는다.

3-3 고구마 (Sweet potato, 甘藷)

1. 특성

고구마의 원산지는 중앙아메리카로서 콜럼부스가 미대륙을 발견하기 이전에 이미 오래전부터 식량으로 재배하여 왔으며 주정용, 전분용 등으로 사용하였다. 우리 나라에 고구마가 처음 들어온 것은 조선시대 영조 39년(1763년) 10월로 그 당시 일본에 통신정사로 갔던 조엄이 대마도에서 고구마를 보고 이것이 구황작물로 중요한 것으로 여겨 씨 고구마를 구하여 부산진으로 들여온 것이 처음이었고 이듬해 조엄이 귀국길에 다시 씨 고구마를 구해서 동래지방 및 제주도에 심도록 한 것이 시초였다. 메꽃과에 딸린 여러해살이 재배 식물. 감저(甘藷) · 조저(趙藷)라고도 한다. 줄기는 땅위를 기며, 잎은 어긋나게 나고 잎 모양은 심장꼴이다. 줄기 밑쪽의 잎자루 아래서 뿌리를 내려 그 일부는 땅속에서 덩이뿌리, 즉 고구마가 된다. 고구마는 고온작물이므로 기온이 높아야 수확이 많고 당분 함유량도 늘어난다. 메마른 땅에서도 적응하나 너무 습한 땅은 좋지 않다. 한국에서는 남부지방에서 주로 재배되며, 밭에서 자란다. 한국, 중국, 일본, 유럽, 중앙아메리카, 남아메리카 등지에 분포한다. 고구마, 당근, 호박과 함께 폐암을 예방하는 3대 적황색 채소로 이 세가지를 갈아서 하루에 한 컵씩 마시면 폐암을 예방에 도움이 된다고 한다. 고구마의 주성분은 전분이므로 비만증, 고혈압, 당뇨병, 심장질환이 있는 사람은 좋지 않다.

2. 성분

고구마의 성분은 수분 70 %, 당질 28 %, 단백질 1.3 % 등이며 녹말이 주성분이다. 무기질로는 칼륨과 칼슘이 많이 함유하고 있다. 고구마에 있는 칼륨 성분을 많이 먹게 되면 나트륨과의 길항 작용이 있어 나트륨을 몸밖으로 빠져 나가게 된다. 고구마는 섬유질 뿐 아니라 수지(jalapin) 성분이 있어 배설을 촉진 시킨다. 고구마에 함유된 베타카로린은 면역력을 높여주고 노화를 예방 한다. 고구마 잎에는 비타민과 미네랄, 폴리페놀과 안질환예방 성분인 루테인이 풍부하게 하게 들어 있다.

3-4 돼지감자 (Jerusalem artichoke, 뚱딴지)

[돼지감자 잎/꽃]

[돼지감자]

1. 특성

돼지감자는 북아메리카가 원산지이다. 땅속줄기의 끝이 굵어져서 덩이줄기가 발달한다. 덩이줄기를 식용으로 재배하였으나 지금은 인가 근처에서 야생으로 자라며 일부에서는 가축의 사료로 쓰기 위해 심기도 한다.

2. 용도

한방에서는 뿌리를 국우(菊芋)라는 약재로 쓰는데, 해열 작용이 있고 대량 출혈을 그치게 한다. 유럽에서는 요리에 넣는 야채로 덩이줄기를 많이 이용하고, 프랑스에서는 가축의 사료로 쓰기 위해 오랫동안 심어왔다.

3-6 마 (Yam, 山藥)

1. 특성

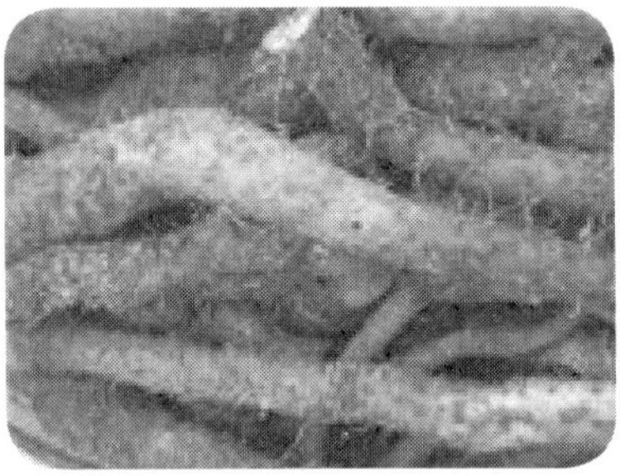

백합목 마과의 덩굴성 여러 해 살이 풀이다. 높이 1m 정도이고 줄기는 가늘고 길며 성기게 가지가 갈라진다. 원산지는 중국이며 한국, 중국, 타이완, 일본 등지에 분포한다. 마과에는 참마 (*D. japonica*), 왕마 (*D. tokoro*), 단풍마 (*D. quinqueloba*) 등이 있다.

2. 성분

마의 성분은 주로 전분, 점액질, 단백질, 지방, 아르기닌콜린 등과 디아스타제를 함유한다.

※ 마와 한방

효능으로 식욕이 감퇴하며 원기가 부족할 때는 백출, 연밥, 인삼 등과 함께 달여 복용하며, 정액이 새거나(遺精) 잠잘 때 식은 땀을 흘릴 경우(盜汗) 숙지황과 산수유 등과 달여 복용한다.

당뇨병에도 매일 달여 장기간 차 대신 복용하면 효과가 있으나, 염증성 설사를 하거나 대변이 굳을 때는 복용을 중지한다.

4장 두류(豆類)

두류(豆類, legumes)는 식물학상 콩과(Leguminosae)에 속하는 작물로 우리나라에서 생산되는 것으로 대표적인 것은 콩, 팥, 녹두, 강낭콩, 완두, 땅콩 등이 있다. 두류는 지방이 많고 탄수화물이 적은 콩, 땅콩과 지방이 적고 탄수화물이 많은 팥, 녹두, 완두, 강낭콩 등으로 구분할 수 있다.
두류는 보통 20-25%의 단백질을 함유하고 있으며, 특히 콩, 땅콩 등은 35% 이상의 단백질을 갖고 있다. 이와 함께 지방 함량이 풍부하여 식용유 또는 기타 칼슘의 공급원으로서도 중요한 위치를 차지하고 있으며, 콩은 저장성이 좋아서 경제적 가치도 매우 높다.

뿌리에는 근류균(rhizobium)이 공생하고 있어서 공기중의 질소(N)를 고정, 지력이 약한 곳에서도 잘 생육할 수 있는 장점도 있다. 그러므로 곡류를 주식으로 하는 우리 식생활에서 두류는 단백질, 지방, 무기 성분의 주요한 공급원일 뿐 아니라 경제성이 높은 단백질 공급원이라 할 수 있겠다.

4-1 대두 (Soybean, 大豆)

1. 생물학적 고찰

대두의 학명은 *Glycine max* MERR.이고, 부르는 명칭은 대두(大豆), 태(太), 대두자(大豆子), 두자(豆子), 황두(黃豆), 백두(白豆), 모두(毛豆), 흑두(黑豆), 청두(靑豆), 호두(胡豆), 숙황권(菽黃卷), 묘안(猫眼), 무숙(戊菽), 임숙(荏菽), 대숙(大菽), 검두, 검대두, 두(豆), 청피두(靑皮豆) 등 다양하다.

대두에는 단백질과 지방질 함량이 높고, 특히 곡류에 부족되는 필수아미노산인 라이신을 많이 함유하여, 쌀과 보리 등을 주식으로 하는 아시아 지역의 나라에는 단백질, 지방질, 무기물의 공급원으로 중요하다. 콩은 전 세계에서 경제적으로 매우 중요한 작물이다. 사람들에게 식물성 단백질을 공급할 뿐만 아니라 화학제품의 원료로 이용된다. 콩에는 수분 8.6%, 단백질 40%, 지방 18%, 섬유 3.5%, 회분 4.6%, 펜토산 4.4%, 당분 7% 등이 함유되어 있다. 가공품은 두부, 된장, 간 장, 콩가루, 과자, 콩기름 등을 만들고, 콩기름은 다시 인조 버터 제조와 각종 공업 원료로 쓴다. 콩깻묵은 사료비료, 간장, 된장, 과자 등을 만드는 데 쓴다. 또 콩나물로 길러 먹기도 한다.

2. 분포 및 유래

대두는 야생의 들 콩으로부터 재배 작물로 발달하였다. 원산지는 중국 동북 지방에서 화북에 걸친 지역으로 추정된다. 중국에서는 5곡의 하나로 4,000년 전부터 재배되었으며, 한국에는 삼국시대 초기(BC 1세기 초)부터 재배되었다는 기록이 있다.

분포는 미국, 중국, 브라질, 아르헨티나가 4대 주 산국이며, 우리나라에서는 전남, 경북, 제주도 등 전국적으로 재배되고 있다.

3. 구성 성분

1) 탄수화물

미숙 콩은 전분을 함유하지만 완숙한 것에는 거의 함유하지 않는다. 이것은 곡류 종자와 두류와 큰 차이점이다. Sucrose, raffinose, stachyose 등의 가용성 당과 식이 섬유로 구성되어 있다. 난소화성 콩 올리고당이 약 10%정도 함유되어 있으며, 이들은 저칼로리 감미료로 비피더스균의 증식을 촉진하는 비피더스 인자로 작용한다. 유당이 거의 없어 유당 불내증 증상에 의한 우유 섭취가 어려운 성인 또는 어린이의 영양원으로 적당하다.

2) 단백질

단백질의 90%가 수용성으로 글로불린(globulin)의 일종인 글리시닌(glycinin)이 대부분을 차지한다. 필수 아미노산이 골고루 함유되어 있어 식물성 단백질로서는 영양가가 매우 높은 편이다. Lysine, leucine이 많이 들어 있으나, methionine과 cystine과 같은 함황아미노산이 부족하다. 콩의 단백질은 비교적 소화하기 어려울 뿐만 아니라 콩에 함유된 일부 알부민은 단백질 분해효소인 trypsin의 작용을 억제하는 물질로서 작용하며 그 외에도 적혈구의 응고를 촉진하는 물질, 즉 haemagglutinin 등이 존재하며 단백질의 소화 흡수를 더욱 어렵게 하는데 이들은 100℃에서 10~15분정도 가열처리하면 그 활성을 잃는다.

3) 지질

콩의 지방은 상온에서 황색의 액체로서 88%가 불포화지방산이며, 50%는 linoleic acid, 25%는 oleic acid이다. 비타민 E는 100mg% 가량이나 들어 있어 산패 방지에 효과가 있다. Lecithin이 함유되어 있다.

4) 비타민류

수용성으로는 비타민 B군, 니아신, 판토텐산, 비오틴, 엽산, 지용성으로는 비타민 A 및 E 등이 있다. 비타민 C는 거의 함유되어 있지 않으나, 콩나물에는 다량 함유되어 있다.

5) 기타

무기질은 칼륨이 1,700mg% 정도로 가장 많고, 인, 칼슘, 마그네슘, 나트륨, 황이 있다. 인은 약 75%가 phytin태로 존재한다. 생콩에는 trypsin의 활성을 저해하는 trypsin inhibitor가 들어있다. 또한 콩에는 saponin이 들어있어 콩을 물에 담그거나 삶을 때 거품이 발생한다.

표 4-1. 콩류의 영양성분

(단위: 가식부 100 g중)

식품명	대두	강낭콩	팥	땅콩	완두	두부	두유
열량 (Kcal)	410.0	333.0	317.0	568.0	330.0	91.0	60.0
수분 (g)	9.2	10.3	14.5	8.5	13.3	83.0	88.4
단백질 (g)	41.3	20.2	21.4	23.4	22.8	8.6	3.1
지방질 (g)	17.6	1.8	0.6	45.5	1.6	5.5	3.0
당질 (g)	21.6	60.9	56.6	16.1	54.0	1.7	5.2
섬유질 (g)	3.5	3.2	3.7	2.2	5.0	0.3	0.0
무기질 (g)	5.8	3.6	3.2	2.3	5.8	0.9	0.3
Ca (mg)	127.0	92.0	124.0	64.0	110.0	181.0	21.0
P (mg)	490.0	317.0	413.0	221.0	1,135.0	94.0	40.0
Fe (mg)	7.6	6.7	5.2	2.6	3.1	2.2	0.7
VitA (I.U.)	10.0	0.0	10.0	0.0	–	0.0	0.0
VitB1 (mg)	0.6	0.30	0.56	1.09	–	0.03	0.03
VitB2 (mg)	0.17	0.20	0.13	0.13	–	0.03	0.02
Niacin (mg)	3.2	1.8	1.8	17.8	–	0.5	2.7

표 4-2. 콩류의 지방질 조성

(단위: g/100g)

콩류	지방산	포화지방산	단일불포화 지방산	다가불포화 지방산	Tocopherol (mg)
대두	19.0	2.57	3.61	10.49	1.1
강낭콩	2.2	0.25	0.18	0.79	0.1
팥	2.2	0.27	0.07	0.55	0.2
땅콩	49.5	9.06	24.01	15.15	10.6
완두	2.3	0.27	0.44	0.68	0.1
두부	5.0	0.88	1.02	2.48	0.2
두유	2.0	0.35	0.41	0.99	0.1

표 4-3. 대두기름의 지방산

지방산	함량	지방산	함량
Myristic acid	0.1 ~ 0.40%	Palmitoleic acid	0.10 ~ 1.00%
Palmitic acid	7.0 ~ 11.0%	Oleic acid	22.0 ~ 34.0%
Stearic acid	2.4 ~ 6.00%	Linoleic acid	50.0 ~ 60.0%
Arachidic acid	0.2 ~ 1.00%	Linolenic acid	2.00 ~ 10.0%

4. 효능 및 효과

1) 동맥경화 예방

대두에 함유된 섬유질에 의해 위장기능과 콜레스테롤 저하 작용을 한다. 이들은 콩에 있는 linolenic acid, lecithin 성분 등에 기인한다.

2) 비타민과 미네랄

비타민 B군, 풍부한 무기염류 함유 (삶은 콩 1/2컵에는 1일 철분 권장량의 함유) 여문 콩에는 비타민C가 없는 반면 콩나물에는 풍부하다.

3) 항암작용

테르핀, 사포닌 그리고 식물성 스테롤에 의한 것으로 이들은 암세포의 생성을 방해하며 발암물질을 억제하는 것을 돕는다. 사포닌은 항산화능과 결장암 등의 예방, 위장에서의 콜레스테롤의 흡수를 방해함으로써 콜레스테롤을 조정하는 역할을 하는 것으로 보인다. 식물에만 들어있는 피토스테롤은 심장병과 결장암을 예방하는 역할을 하는 것으로 알려졌다.

4) 골다공증 예방

콩에는 isoflavone이라고 하는 폴리페놀계로서 식물성 에스트로젠인 피토에스트로젠(phytoestrogen)으로서, 식물이 자연계에서 스스로를 유해인자로부터 보호하기 위해 생산하는 성분이다. 또한 에스트로젠 호르몬과 비슷한 구조를 가지고 있어서 인체 내의 에스트로젠 효과를 나타내는 것으로 알려졌다. 현재 유방암, 전립선암을 치료 및 예방에 대한 많은 연구가 이루어지고 있다. 피토에스트로젠은 폐암 발생 시 분비되는 에스트로겐(estrogen)의 분비를 억제하는 것으로 알려졌다. 또한 isoflavone이 여자의 폐경기 이후 골다공증 예방에 효과적인 것으로 알려졌다.

5. 독성 및 부작용

1) 설사

생콩 중에는 단백질 분해 효소인 트립신 저해제(trypsin inhibitor)에 의해 장내에서 소화, 흡수를 어렵게 하기 때문에 날콩을 먹으면 설사를 하게 된다.

2) 가스발생

콩에 많이 들어있는 raffinose, stachyose 등을 소당류를 소화시키는 효소가 인체 내에 없기 때문에 콩류를 먹으면 많은 가스가 발생한다.

3) 혈구응집작용

생 콩류에 함유된 lectin, phytohemaglutinine과 등에 의해 생성된다.

4) 콩비린내

콩류에 있는 lipoxygenase는 지방을 산화시켜 과산화물을 생성하는 효소로서 콩 가공제품의 콩 비린내의 유발 인자이다.

6. 이용

1) 식품 및 식품가공 원료

건조된 콩은 다른 것과 사용하거나 수프 등에 이용된다. 볶거나 기름에 튀긴 콩은 간식으로 이용되는 훌륭한 단백질원이며 이소플라본이 풍부하다. 콩가루는 단백질 함량이 50%나 되는데 주로 상업용 빵, 과자에 널리 쓰이나, 글루텐이 없기 때문에 단독으로 효모를 넣어 부풀리는 빵을 만드는 데는 이용할 수 없다. 두부는 중국 한나라에서 맨 처음 만들어진 이래 우리나라 일본 등에서 많이 식용하고 있다. 단백질 공급원으로 중요하다.

콩나물에는 단백질과 비타민, 무기질이 비교적 많고, 비타민 B1과 B2, C등의 함량도 높다. 두유는 전지 콩 분말에 물을 넣거나, 콩을 물에 불려 마쇄추출과정을 거친 후 액체 상태로 만들어진다. 두유는 유당이 없기 때문에 우유 알레르기 증세를 보이는 아이들에게 먹일 수 있다. 된장은 콩류의 대표적인 발효식품 중에 하나이다. 고추장은 고춧가루를 주원료로 하여 녹말, 메주 가루, 소금, 물 등을 이용하여 만든다. 간장 메주를 만들어 띄운 다음 햇볕에 말리고, 소금물에 담가 30~40일 가량 햇볕에 두면 까맣게 우러난 뒤에 체로 걸러서 국물을 솥에 달이면 간장이 된다.

2) 사료용

생초, 건초, 엔실레지, 콩깻 묵 등이 이용된다.

3) 비료용

풋베기, 기름, 콩깻묵 등이 이용된다.

4) 공업용

콩은 니스, 에나멜, 페인트, 코팅, 잉크, 염료, 비누, 화장품, 플라스틱, 소화거품 안정제, 윤활유, 디젤 원료, 합판제조 등 공업 원료로 널리 이용된다.

4-2 팥 (Red bean, 小豆)

1. 생물학적 고찰

팥의 학명은 *Phaseolus angularis* W. F. WIGHT.이고, 소두(小豆), 적두(赤豆), 적소두(赤小豆), red bean으로 명한다. 높이는 보통 50~90cm인 것이 많고 줄기는 녹색이나 붉은 빛을 띤 자주색이다. 잎은 어긋나고 3개의 작은 잎으로 된 겹잎이며, 긴 잎자루의 밑부분에 작은 턱잎이 있다. 작은 잎은 달걀 모양 또는 마름모꼴 달걀 모양이다. 팥에는 녹말 등의 탄수화물이 약 50% 함유되어 있으며, 그 밖에 단백질이 약 20% 함유되어 있다. 씨껍질의 색소는 안토시안이므로 알칼리나 철 냄비에 끓이면 검은색을 띠고, 산이나 공기에 접촉하면 붉은색을 띤다. 원산지는 중국 등 아시아 지역이며, 중국, 한국, 일본 등지에서 널리 재배한다.

2. 구성 성분

1) 단백질

팥 단백질의 대부분은 글로불린 중 글리시닌이고, 구성 아미노산은 메티오닌, 시스틴 같은 함황 아미노산은 적으나 라이신(lysine)과 트립토판(tryptophan)은 비교적 많이 함유되어 있다.

2) 지방

지방 함량은 약 1%로 미량이나 24% 정도의 인지질이 함유되어 있고, 이들 중 팔미틴산, 스테아린산, 아라키톤산 등으로 구성되어 그 질이 우수하다.

3) 비타민

팥에 들어있는 비타민B1은 각기병, 피로회복에도 효과가 있다. 이것은 당질 에너지 대사에 관여하여 당질이 근육 속에 쌓여서 피로를 일으키는 물질로 변하는 것을 방지한다. 이 성질은 근육통이나 어깨 결림, 몸의 나른함, 여름을 타는 데에도 좋은 효과가 있다.

4) 기타

무기질은 K와 P이 많이 함유되어 있고, Ca와 Na 등은 적은 편이다. 거품을 일게 하는 사포닌 성분으로 팥을 우려낸 물이나 팥가루를 물에 넣어 거품이 일게 한 후 비누 대용세제로 이용한다. 팥의 색소인 안토시아닌(antocyan)은 알칼리에서 흑색이고 보통은 팥색이라고 하는 암적색이다.

3. 효능 및 효과

1) 배변 작용

Saponin은 장자극 작용이 있어 섬유질과 더불어 변비를 치료하는 작용을 한다.

2) 항각기 작용

팥에 함유된 비타민 B1(thiamine)은 각기병의 예방과 치료에 효과가 있다.

3) 기타

숙취해소작용, 해독작용, 이뇨작용, 소염작용 등이 있다고 알려졌다.

4. 독성 및 부작용

위장이 약한 사람은 팥을 먹을 경우 가스가 많이 생기게 되므로 주의해야 한다.

4-3 녹두 (Mung bean, 綠豆)

1. 생물학적 고찰

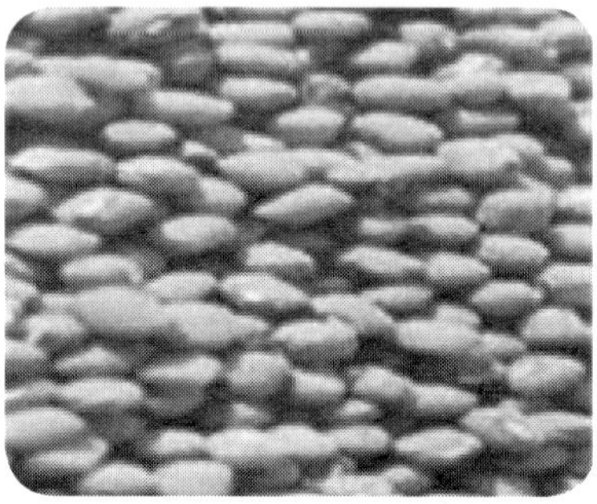

녹두의 학명은 *Phaseolus radiatus* L.이고, 이명으로는 청두(靑豆), 문두(文豆), 청소두(靑小豆), 안두(安豆) 및 길두(吉豆) 등이 있다. 높이는 30~80cm로줄기는 가늘고 세로로 난맥이 있고 10여 개의 마디가 있으며 가지를 친다. 성분은 녹말 53~54%, 단백질 25~26%로 영양가가 높고 향미가 좋다. 청포(녹두묵), 빈대 떡, 떡고물, 녹두차, 녹두죽, 숙주나물 등으로 먹는다. 민간에서는 피부병을 치료하는 데 쓰며 해열, 해독작용을 한다. 당질에 있어서 팥과 다른 것은 녹말 이외에 크실로스(xylose), 아라비노스(arabinose), 갈락토스, 우론산 등으로 이루어진 헤미셀루로스 (hemicellulose)를 약 3% 함유하고 있으며 펜토산, 갈락탄과 같은 점성물질이 있기 때문에 이 성질을 이용하여 죽, 당면, 빈대떡, 묵, 밥 등으로 가공하게 된다. 원산지는 인도로 추정하며 한국, 중국, 인도 등의 아시아 지역이 주산지이나 일본에서는 별로 생산되지 않는 것이 특징이다.

2. 구성 성분

1) 당질

약 55%를 차지하며 헤미셀룰로오스가 약 3.5% 포함되어 있고 펜토산과 덱스트린을 함유한다. 팥과는 달리 점성물질인 갈락탄(galactan)을 함유하고 있다.

2) 단백질

단백질은 약 21%를 차지하며 메티오닌, 트립토판, 시스틴과 같은 아미노산은 적으나 류신, 라이신, 발린 같은 아미노산의 함량이 풍부하여 영양가가 높다.

3) 지방

지방의 함량은 적으나 불포화지방산인 리놀레산과 리놀렌산이 주성분을 이루기 때문에 질이 매우 우수한 편이다.

4) 기타

비타민류는 thiamine, riboflavin, nicotinic acid 등과 효소류는 amylase, invertase, urease 등이 있다. 녹두 나물의 경우 비타민A는 2배, 비타민B는 30배, 비타민C는 40배 이상이나 증가한다. 이 과정에서 단백질은 분해되어 아르기닌, 아스파라긴산 등의 비단백질이 많아지고 당질의 양은 급격히 줄어든다.

3. 기능성

1) 소화 촉진작용

Amylase, invertase, urease 등 여러 가지 소화효소가 들어 있어 소화를 촉진하는 기능을 한다.

2) 기타

혈압강하작용, 소염작용, 피부미용, 해열작용, 조혈작용

4. 이용

1) 삼두탕

녹두, 팥, 검은콩의 세 가지를 각각 같은 분량씩 섞어 물을 넣고 오랜 시간 끓여서 설탕으로 맛을 내어 먹으면 소화불량, 몸살, 소아 피부병, 홍

역 등에 좋다고 알려졌다.

2) 녹두죽

우리나라에서는 예로부터 열이 나는 환자의 음식으로 이용한다. 맛이 좋고 먹기에도 편하고 영양 공급원으로 우수하며, 몸을 차게 하는 힘이 강하기 때문에 해열, 고혈압, 숙취에는 매우 좋지만 저혈압 또는 냉증이 있는 사람은 피하는 것이 좋다.

3) 녹두 가루

빈대떡, 녹두편, 녹두 찰편 등에 주재료로 사용하고 녹두 고물은 각종 떡류의 부재료로 이용한다.

4) 녹두묵

녹두는 팥과 그 성분이 유사하나 팥보다 펜토산, 갈락탄, 덱스트린, 헤미셀룰로오스가 많아 점성이 높다. 이러한 성질을 이용하여 녹두묵을 만든다.

※ 숙주나물의 유래

숙주나물의 숙주는 신숙주에서 유래한다고 한다. 그는 사육신을 등지고 세조의 공신이 되었으며 죄 없는 남이를 죽이고 거듭 공신의 호를 받은 사람인즉 서울 사람들의 미움을 받아 이른바 거성을 당한 것이다. 이용기의 "조선무쌍요리제법" 에는 숙주라는 것은 세조 임금 때 신숙주가 여섯 신하를 고변하여 죽인 고로 미워하여 이 나물을 숙주라 한 것이다. 또한 숙주나물은 빨리 쉰다. 신숙주의 변절을 숙주나물의 빠른 부패에 비유하여 숙주라 하였다는 속설도 있다.

4-4 완두 (Pea, 豌豆)

1. 생물학적 고찰

완두의 학명은 *Pisum sativum* L.이고, 이명은 서호두(西胡豆), 회골두, 백완(白豌), 백완두(白豌豆), 단만완두(短蔓豌豆), 한두(寒豆), 호두(胡豆), 소한두(小寒豆), 유두(留豆), 설두(雪豆), 환두(丸豆), 안두(安豆), 맥두(麥豆), 하란두(荷蘭豆), 청반두(靑班豆), 국두(國豆) 등으로 불리운다. 영어로는 pea 또는 garden pea라 한다. 형태로 높이는 2m 정도이고 잎은 겹잎이며 잎 끝은 덩굴손으로 되어 지주를 감아 올라가면서 자란다. 멘델이 유전실험에 실험에 이용한 식물로 유명하다. 완두 콩은 탄수화물이 주성분이며 단맛이 뛰어나고 단백질도 많고 어린 꼬투리에는 비타민도 풍부하다. 미성숙의 푸른 씨알은 통조림(청완두를 황산동 처리시 색소 유지), 잎줄기는 가축의 사료로 이용한다. 팥이나 강낭콩처럼 밥에 넣어 먹거나 죽, 된장, 간장, 떡, 과자 제조에 이용된다. 어린 덩굴 잎을 두묘라고 하고 볶음용, 국, 요리의 반찬 등에 이용한다. 재배 역사는 고대 이집트의 투탄카멘왕의 왕릉에서 발견되었다고 한다. 그리스시대에는 이미 재배되고 있었고 지중해 지방과 중국에서 재배가 발달하였다. 한국에서의 재배 역사는 오래되지 않았다.

2. 구성 성분

1) 당질

당질은 팥과 유사한 전분의 형태로 존재하고 있다.

2) 단백질

주로 글로브린이고 라이신과 트립토판도 함유하고 있다. 글루타민산이 많으며, 이것은 토마토의 6배가 함유되어 있다.

3) 지질

레시틴을 많이 함유한다.

4) 비타민류

비타민C는 토마토의 3배나 되며, 카로틴 함량도 많은 훌륭한 녹황색 채소이다.

3. 기능성

1) 설사 치료작용

심한 설사, 장점막 흡수 불량에 의한 붉은 변 등에 효과적 이다. 어린이나 노인들의 습관성 설사에 효과적며, 소화 작용을 촉진한다.

2) 항암작용

완두에는 protease inhibitor를 다량 함유하는데, 이것이 장내에 있는 어떤 종류의 바이러스와 발암성물질의 활성을 억제하는 것으로 추측된다. 어떤 연구에서 완두가 충수염을 퇴치할 수도 있다고 하였다.

체온 개선작용, 피부개선 작용 및 항균 작용을 한다.

4. 독성 및 부작용

완두에는 약 0.2%의 청산배당체(HCN)가 함유되어 있다. 청산의 중독 정도는 개인에 따라 큰 차이가 있고, 식품 중의 함량도 재료의 종류와 조리 방법에 따라 크게 상이하다. 청산은 ferrycytochrome oxidase를 강력하게 저해하며, 이로 인하여 체내 호흡이 정지되고, 세포의 산소 결핍으로 사망할 수 있다.

4-5 강낭콩 (Pea, 豌豆)

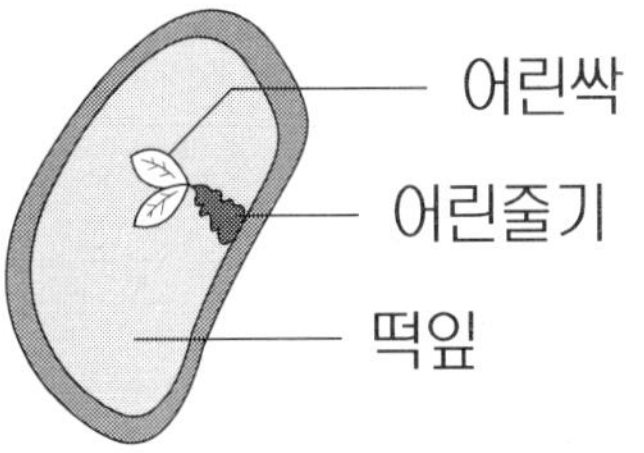

1. 생물학적 고찰

강낭콩의 학명은 Phaseolus vulgaris var. humilis 이고, 채두(菜豆) 또는 운두(雲豆)로 부르기도 한다. 열매는 원통형이거나 좀 납작한 원통형의 꼬투리이다. 강낭콩은 재배 시 콩과작물 중 가장 비료를 많이 요구한다. 특히 인산 거름의 효과가 크다. 줄기 잎은 사료로 쓴다. 열매는 밥에 넣어서 먹거나 떡이나 과자의 소로, 어린 꼬투리는 채소로 쓰인다. 중남미, 인도, 아프리카 등지에서는 주식으로 이용된다. BC 5세기부터 아메리카 대륙의 원주민이 재배하였고 중앙남아메리카로 보급되었다. 원산지는 멕시코 중앙부에서 과테말라, 온두라스 일대이다. 유럽에는 아메리카 대륙 발견 이후 스페인 사람에 의해 전파되었다고 한다. 한국에는 중국 남쪽 지방에서 들어왔으며, 주요 생산국은 인도, 중국, 브라질 등 이다. 강낭콩은 세계적으로 콩류 중에서 재배 면적이 가장 넓은 것으로 알려졌다.

2. 구성성분

1) 당질 및 단백질

녹말 60%, 단백질 20% 정도를 함유한다. 식물성 섬유는 100g당 19.3g으로 섬유질이 풍부한 콩류 중에서도 가장 많다. 변비 개선이나 대장암 예방, 동맥경화 개선 등에 효과가 있다. 단백질은 globulin, 아미노산류로는 lysine, leucine, tryptophan, threonine, 지질은 lecithin 등이 있다.

2) 비타민 및 기타

비타민 B1, B2, B6가 많아 쌀밥을 주식으로 하고 있는 사람들에게 필요한 탄수화물 대사를 위해 좋은 식품이다. 강낭콩은 PHA(식물성 혈구응집소)도 함유하고 있다.

3. 기능성

1) 면역계 작용

강낭콩에 함유된 PHA(phytohemagglutinin, 식물성혈구응집소)는 임파세포를 자극해서 유약화시켜 lymphokine을 방출한다. 또한 항체 생산을 촉진하는 효과도 있는 것으로 알려졌다. 이러한 면역기능의 증진을 통한 항종양 효과도 있는 것으로 알려졌다. 대식세포의 탐식능을 증가시키고, 인터페론 생산을 통하여 바이러스의 정상세포에 대한 감염을 억제 또는 살해를 한다.

2) 조혈기능 촉진작용

PHA는 골수의 조혈 기능을 자극하여 백혈구를 보호 또는 향상시킨다. 종양 치료 시 화학요법과 방사선 치료에 의해 일어난 골수 억제와 백혈구 감소를 예방 치료할 수 있다. 또한 화학요법, 방사선 치료, 수술 시에 병용사용 시에 상승작용을 나타낸다고 한다.

3) 변비개선작용

강낭 콩에는 섬유질이 많아 변비 예방이나 치료에 효과적이다.

4) 빈혈치료작용

강낭콩을 삶은 검은 색의 물은 빈혈치료에 효과적이다.

4. 독성 및 부작용

일부의 강낭콩류에는 완두콩과 같이 에는 일종의 청산배당체가 들어 있어 이것이 분해되면 청산(HCN)이 생성된다. 이 청산은 맹독 성분으로 제독 후 섭취해야 한다.

4-6 검정콩 (Black soybean, 黑大豆)

1. 생물학적 고찰

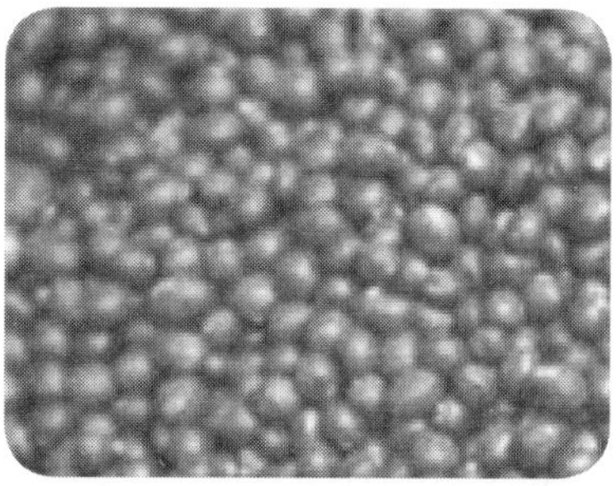

검정콩의 학명은 *Glycine max* L. Merr. 이고, 흑두(黑豆), 서태 또는 쥐눈이콩으로 부른다. 개화기는 7월 21일, 성숙기는 9월 29일로 중생종이다. 조 단백질 함량은 41%, 조 지방 함량은 20%, 탄수화물은 33.3%로 황금콩 32.8%보다 다소 높으며, 전당 함량은 11.2%로서 황금콩 10.4%보다 높아 밥밑콩용 검정콩의 적성이 높다. 우리나라의 검정콩 재래종은 대부분이 만생·극만생종으로서 논두렁, 밭두렁 및 공한지 등에서 재배한다.

2. 구성 성분

1) 탄수화물, 단백질, 지방질

탄수화물은 33.3%, 조 단백질 함량은 41%, 조 지방 함량은 20%, 전당 함량은 11.2%이다. 아미노산류로는 aspartic acid, glutamic acid 등이 있다.

2) 비타민 및 기타

비타민류는 비타민 B1, B2, B12, nicotine, folic acid, pantothenic acid 등이 있다. 카로틴(carotene),이소플라본(isoflavone), daidzin, genistin, choline, lecithin, saponins 등이 있다.

3. 기능성

① 장 이완작용 : daidzin에 의한 작용이다.

② 신장, 간장, 장 활동 강화작용 : 검정콩의 aspartic acid, lecitin, urease 등에 의하여 간장과 신장 활동을 촉진 시키고, 혈관을 강화시키는 기능을 한다. 또한 daidzin은 장의 활동을 강화시킨다.

③ 강정작용, 고혈압 및 동맥경화 개선작용, 해열과 해독작용, 이뇨작용, 피로회복 등이 있다.

4-7 땅콩 (Peanut, 落花生)

1. 생물학적 고찰

땅콩의 학명은 *Arachis hypogaea* L. 이고 낙화생(落花生) 또는 호콩(胡豆)으로 부른다. 형태로 꼬투리는 누에고치 모양으로 두꺼우며 탄력이 있어서 외부의 압력에 견디고 내부 열매를 보호한다. 한 꼬투리에는 1-3알이 들어 있으나 일반적으로 2알이 들어있다. 100립중은 40-80g이다. 땅콩의 꼬투리를 벗기고 난 알맹이의 수율은 중량으로 약 50% 이고 용량으로 약 30%이다. 자엽은 종자의 대부분을 차지하며 보통 담황색이고 자엽의 세포에 지방립, 단백립, 전분립이 있다. 브라질이 원산지로서 현재 주산지는 인도, 중국, 미국 등이다. 우리나라는 정조 때(1778년)에 중국에서 전해진 것으로 알려져 있다. 땅콩은 배수가 좋은 모래흙이나 척박한 땅에서도 잘 생육하는 작물이다. 용도로서 땅콩은 제과 원료, 버터 제조, 식용유 및 마아가린 제조, 유박은 사료, 비료, 수성페인트, 합성 섬유 원료로 쓰이며, 줄기와 깍지는 사료 및 비료로 이용된다.

2. 구성성분

1) 탄수화물

탄수화물은 18~30%로 대부분 전분이며 설탕, 기타 헤미셀룰로오소 등을 함유한다.

2) 단백질

단백질은 23% 이고, 그 중 글로불린이 65%이며 주로 arachin과 conarachin으로 되어 있으며, 알부민은 7%로 적게 함유되어 있다.

3) 지방

낙화생유는 불건성유로서 고체산인 arachidic acid가 많은 것이 특징이다. 액체산은 올레산이 많고 리놀레산이 그 다음으로 많다.

4) 비타민

비타민류는 주로 종피로부터 옮겨지는데 종피에는 100mg% 이상의 B1이 함유되어 있고, 나이아신은 15.6mg%로 다른 두류보다 많다.

4-8 작두콩 (Kidney bean, 鵲豆)

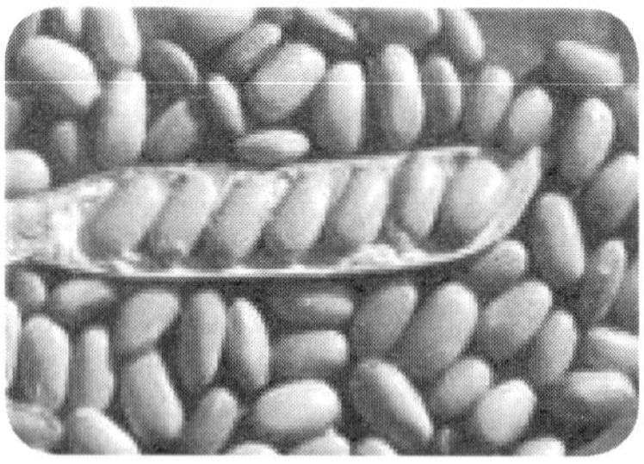

1. 생물학적 고찰

작두콩의 학명은 *Canavalia gladiata* 이고, 형태는 한해살이 풀이며, 잎은 잎자루가 길고 세 개의 긴 달걀 모양 쪽잎으로 된 겹잎이며 trifoliolate의 형태를 지닌다. 연한 붉은색 또는 가지색의 꽃이 피고 씨의 배꼽길이는 씨 길이의 절반이다. 콩은 3cm 정도이고 한쪽에 긴 좌가 있으며 붉은색 또는 흰색이다. 작두콩은 열매가 활 모양으로 구부러진 꼬투리여서 그 모양이 작두 같다 하여 작두콩 또는 도두라고 일컬어진다. 적색종은 꼬투리를 이용하고, 백색종은 콩을 주로 이용한다. 치질, 축농증, 중이염, 위염, 대장염 등에 큰 효과가 있다. 열대 아시아 원산이며 식용으로 재배한다. 열대아시아, 아프리카, 인도 지방에 널리 분포하고, 동남아시아 및 우리나라에서도 재배되는 작물이다.

2. 구성 성분

① 씨에는 urease, 혈구응집소, 카나바린 및 단백질, 지방 등이 존재한다.

② Concanavalin A는 작두콩의 종자에 함유되어 있는 단백질로 D-만노스, D-글루코스와 특이적으로 결합한다. 대표적인 렉틴 물질이다. 글로불린의 일종으로 세포응집 작용 및 면역활성능이 있는 것으로 알려졌다.

③ 기타의 성분으로 글루코시다제, 아르기나제 등이 있으며, 비타민 B군, 비타민C, 나이아신이 다른 콩에 비하여 3~5배 가량 더 많이 존재한다.

3. 기능성

① 작두콩은 쥐눈이콩, 돌콩 등과 함께 콩 중에서 약효가 높은 것으로 알려져 있고, 작두콩의 3가지 재배종 중에서 흰색꽃의 흰색립이 생리활성이 좋은 성분이 많이 함유되어 있는 것으로 알려졌다.

② 작두콩은 화농성 질환, 위나 장의 염증이나 궤양, 신장 허약에 따른 허리아픔, 음위, 유정, 정력감퇴, 혈액순환장애, 변비 및 비만 등의 치료에 효과적이라고 한다.

4-9 기타 두류

1. 동부 (Cowpea)

동부의 학명은 *Vigna sinensis*이고, 강두, 광저기, 광정이 등으로 불리운다. 형태는 전체에 털이 없으며 줄기는 곧게 서며 왜성(矮性)과 덩굴성의 구별이 있다. 잎은 3출복엽이고 잎자루가 길다. 꼭대기의 작은 잎은 사각형꼴 달걀모양이고 끝이 뾰족하며 길이 8~15cm이다. 옆쪽의 작은 잎은 일그러진 달걀모양이고 잎자루는 짧다. 꽃은 8월에 피는데 나비 모양이며, 백색, 자주색 또는 담황색 등으로 핀다. 열매는 협과로 긴 꼬투리이고 밑에서부터 올라가면서 익으며, 신장형이고 빛깔은 여러 가지이다. 팥과 비슷하나 종자가 약간 길고 종자의 눈도 길어서 구별된다. 밥에 넣거나 떡의 소, 과자 만드는 데 이용한다. 미국에서는 풋베기 사료 또는 건초로 이용하고 녹비로 쓰기도 한다. 한국, 동남아시아, 중앙아프리카, 미국 등지에서 재배한다. 기능성은 신장 및 위장 보호, 혈액 순환 촉진, 당뇨병과 구토 설사 등에도 효과적이다.

2. 렌즈콩 (Lentil)

렌즈콩은 스프나 쌀밥에 흔히 사용되며 단백질, 섬유질, 엽산이 매우 풍부하다. 중동, 북아프리카, 아시아의 토착 작물로써, 미국과 캐나다에서는 대량 재배하여 수출 농산물 중 하나이다.

3. 리마빈 (Lima bean)

학명은 *Phaseolus limensis*이고, 리마콩이라 부른다. 여름에 나비 모양의 흰색꽃을 달고 초승달 모양의 꼬투리가 여문다. 콩은 한 개의 꼬투리에 3~4알이 들어 있고 지름 1.5~2cm로 편평하다. 흰색 검은색 붉은색 외에 얼룩무늬도 있다. 열대 아메리카 및 과테말라 원산지이고 열대지방에 서식한다. 어린 꼬투리를 삶으면 달고 향미가 있어 두협류(豆莢類) 중에서 가장 맛이 있다고 하여 슈가빈(sugar bean)이라는 이름이 붙었다. 콩에는 파세올라틴이나 시안산을 함유하고 있어 중독되기도 하므로 콩 삶은 물은 버린다.

5장 채소

5-1 일반적인 특성과 종류

1. 菜蔬類

채소류(Vegetables)는 야채(野菜), 소채(蔬菜) 또는 푸성귀라고 불리운다. 이들은 식물의 뿌리(roots), 덩이줄기(tubers), 줄기(stems), 잎(leaves), 꽃(flowers), 화서(inflorescence) 등을 이용한다. 이들에는 서류, 신선한 콩과식물과 곡물 또는 싹, 버섯, 해초 등을 포함한다. 목본식물의 열매(과일)나 건조된 씨앗인 곡물이나 콩류 등은 포함 안된다. 채소는 수확 후에도 증산작용과 호흡작용 지속하므로 수확 후 저장관리가 중요하다. 저장조건에 따라 영양소와 활성물질의 함량이 달라질 수 있다. 이를 위해 저온 저장을 통한 유통, 급속 냉동, CA 저장 등이 활용된다. 채소의 높은 수분함량은 수확 후 감소되고, 부드러운 조직은 상처가 쉽게나 미생물 침입에 의한 조직연화가 발생한다.

2. 영양학적 특성

일반적인 영양 특성은 수분함량은 80~90% 이상, 많은 섬유질과 pectin 함유, 무기질과 vitamin의 함량이 높으며 알칼리성 식품이다. 색소와 향을 갖고 있어 식품 고유의 외관이나 맛의 발현에 기여한다. 다양한 생리활성 성분을 함유하여 기능성 식품의 소재로 많이 이용된다.

3. 종류

식용부위에 따라 엽채류(잎채소), 근채류(뿌리채소), 과채류(열매채소)로 나눈다.

1) 엽채류(leafy vegetables)

잎, 줄기, 비늘줄기, 어린 순, 꽃 부분이 식용으로 쓰이는 배추, 양배추, 상추, 시금치, 마늘, 파, 양파, 아스파라거스, 죽순, 브로콜리 등이 있다.

2) 근채류(root vegetables)

채소의 저장기관인 뿌리가 식용으로 쓰이는 무, 당근, 고구마, 마, 감자, 토란, 생강 등이 있다.

3) 과채류(fruiting vegetables)

채소의 열매가 식용으로 쓰이는 오이, 고추, 토마토, 가지, 수박, 참외, 메론, 호박 등이 있다.

4. 채소의 이용과 가공

채소류의 이용 면은 다양하다. 신선한 야채를 사용한 샐러드, 데친야채, 캔야채, 탈수야채, 동결야채, 야채분말, 야채쥬스, 야채페이스트 등이 있다. 발효야채로는 김치, 염장야채, 피클, 식초피클 등이 있다.

5-2 채소의 성분

1. 일반성분

채소의 성분은 재배지나 품종, 재배조건 등에 따라 차이가 크다. 일반적인 함량은 건물량 10~20%, 질소(N)함량 1~5%, 탄수화물 3~20%, 지방 0.1~0.3%, 조섬유 1%, 무기질 1% 내외를 함유한다.

2. 탄수화물

채소는 대부분 단순 당류로 단당류, 올리고당류, 당알코올이다. 포도당과 과당이 0.3~4%, 설탕이 0.1~12% 이다. 다당류로는 서류의 전분, 돼지감자의 inulin, 식이섬유인 cellulose, hemicellulose, pectins 등이 있다.

3. 질소화합물

채소에는 질소화합물이 약 1~3%가 함유되어 있으며, 단백질은 주로 효소이고 자유아미노산은 단백질성 아미노산과 비단백 아미노산인 아민 등의 물질이다. 채소류에는 다양한 효소류를 함유하고 있는데 김치발효, 조직의 연화, 향미 형성, 변색 등의 요인이다. 효소로는 산화환원효소인 lipoxygenases, phenoloxidases, peroxidases, 탈수소 효소로는 glycosidases, esterases, proteinases, 전이 효소로는 transaminases, 분해효소로는 glutamic acid decarboxylase, alliinase, hydroperoxide lyase, 결합 효소로는 glutamine synthetase 등을 함유한다.

4. Lipids

야채는 지방질 함량이 0.1~0.9%를 함유한다. Triacylglycerols 외에 glycolipid와phospholipids가 주로 분포한다. Carotenoids는 토마토, 고추, 수박 등에 다량 함유하고 있으며, phytosterols은 β-sitosterol, stigmasterol, ergosterol 등, triterpenoids은 오이류에 다량 함유되어 있다.

5. 미량 성분들

야채류에는 다양한 비타민을 함유하고 있으며, 품종 및 기후에 많은 영향을 받는다. 경엽채류 및 과채류에는 비타민 C, 비타민 A 및 B군을 다량 함유한다. 무기질의 경우는 양이온으로서는 칼륨, 칼슘, 나트륨, 마그네슘 순으로 함유하고 있으며, 음이온으로는 phosphates, chloride, carbonate 등이 있다. 유기산은 malic acid와 citric acid의 함량이 높다. 즙액의 pH는 5.5~6.5 내외 이다. 기타 페놀성 화합물을 함유한다.

5-3 배추 (Chinese cabbage, 菘菜)

1. 배추의 특성 및 성분

배추는 김치의 주재료이고, 우리 국민이 가장 많이 섭취하는 채소로 1인당 연간 김치섭취량 1997년 35kg에서 2006년 28.5kg이다. 열량은 1백g당 13kcal로서 열량이 낮다. 비타민 C가 풍부하며, 특히 배추의 비타민 C는 국으로 끓이거나 김치로 담가도 다른 채소에 비해 손실량이 적어 겨울에 배추김치를 먹는 것은 비타민 C의 공급로이고, 감기의 예방 및 치료에 효과적이다. 성분적 특성으로는 식이섬유가 많다. 비타민 C, 식이섬유, 카로틴, 엽록소 등에 의해 암예방에 효과적이라고 한다. 또한 배추에 들어 있는 인돌은 발암물질이 활성화 되는 것을 억제하고, 이소씨오씨아네이트는 해독작용과 암세포 자살을 유도하는 것으로 알려졌다. 배추의 흰 줄기부위에는 당이 많고, 노란 잎 부위에는 카로틴, 푸른 잎 부위에는 엽록소가 풍부하다. 배추는 알칼리성 식품이고, 단백질을 구성하는 아미노산은 우수한 편이고, 국을 끓였을 때 구수한 향미가 나는데 그 성분 중 하나는 시스틴 성분에 의한다. 영양성분 함량은: 수분 94.3%, 단백질 1.3g, 탄수화물 3.1g, 칼슘 51mg, 인 29mg, 비타민 C 8mg으로 알려졌다.

※ 통배추 김치 담그는 법

[재료]

배추 3kg, 쪽파 0.5kg, 멸치젓 2컵(2cup), 맑은 액젓 1컵(1cup), 다진 마늘 1컵(1cup), 다진 생강 1/3컵(1/3cup), 김치용 고춧가루 1/2컵(1/2cup), 고운 고춧가루 1/3컵(1/3cup), 소금

[만드는 법]

① 배추는 줄기가 길고 몸체는 짧으며 섬유질이 강한 푸른 배

추를 준비한다.

② 뿌리를 자르고 길이로 두 쪽을 내, 하루 전날 소금물(농도 3%)에 절여둔다. 절인 배추와 갓을 찬물에 씻어 건져 물기를 뺀다.

③ 넓은 그릇에 멸치젓 액젓 고춧가루 마늘 생강을 넣고 섞어 양념을 만든다. 간을 알맞게 맞춘다.

④ 위 양념에 배추를 한쪽씩 넣어 버무리며, 배추 속에 쪽파와 갓 한두 쪽씩을 넣는다. 배추를 아래 위로 반을 접은 다음, 겉잎으로 싸매 둥근 꾸러미를 만든다

⑤ 항아리에 담고, 남은 쪽파 갓으로 양념 그릇을 닦아 위에 넣는다.

⑥ 배춧잎 우거지를 덮고 눌림을 한다.

⑦ 장기 보관할 김치만 김치냉장고에 보관하고, 우선 먹을 김치는 숙성된 뒤에 김치냉장고에 넣어 둔다.

5-4 무 (Radish, 蘿蔔)

1. 무의 특성 및 성분

무의 달착지근한 맛은 포도당과 설탕의 맛이 주성분 이다. 매운맛은 유화화합물 때문인데, 날무를 먹고 트림을 하면 그것이 휘발되어 고약한 냄새를 내는 것이다. 무의 껍질에는 속보다 비타민 C가 배나 더 들어 있으므로 껍질을 도려내지 말고 깨끗이 씻어서 먹는 것이 좋다. 무의 효소로는 전분 분해 효소인 아밀라제(디아스타제)가 가장 많고 산화 효소, 요소를 분해해서 암모니아를 만드는 효소, 체내에서 생기는 해로운 과산화수소를 물과 산소로 분해하는 카탈라제라는 효소 등 생리적으로 중요한 작용을 하는 효소가 매우 많다. 떡이나 밥을 과식하였을 때 무즙을 내먹으면 소화가 잘 된다. 영양성분 함량은 무청 100g당 칼슘 229mg, 비타민 A 8710I.U, 비타민 C 60mg, 비타민 B1 0.06mg, 비타민 B2 0.3mg이다.

※ 깍두기 만들기

[주재료]

무 5개, 굵은소금 1컵, 미나리 1/2단, 실파 1/2단

[양념]

고춧가루 1컵, 멸치젓 1/2컵, 새우젓 1/2컵, 다진마늘 4큰술, 다진생강

[만드는 법]

① 무는 깨끗이 씻어 준비한다.

② 씻은 무는 껍질을 벗긴다. 무 껍질에 영양분이 많으므로, 무를 수

세미로 박박 닦고 껍데기를 벗겨 내지 않는 것이 좋다.

③ 껍질을 벗긴 무는 원형으로 썬다.

④ 썰은 무는 깍뚝 모양으로 썬다.

⑤ 썰은 무는 소금에 절인다.

⑥ 무가 숨이 죽어 소금 맛이 충분히 들면 찬물에 헹군다.

⑦ 헹군 무는 체에 밭여 물기를 뺀다.

⑧ 미나리, 실파는 4cm 길이로 썰고 마늘과 생강은 곱게 다진다.

⑨ 새우젓은 곱게 다진다.

⑩ 고춧가루에 미지근한 물을 부어 불린다.

⑪ 불린 고춧가루를 절인 무에 넣고 버무린다.

⑫ 버무린 무에 실파, 미나리, 다진파, 다진마늘, 새우젓, 멸치젓을 넣고 다시 버무린다.

⑬ 소금을 넣고 간을 하고 꼭꼭 눌러 담는다. 김장철에는 일주일 정도면 먹을 수 있다.

5-5 상추 (Lettuce, 天金菜)

1. 상추의 특성과 성분

상추는 유럽과 서아시아가 원산지이고 채소로 널리 재배한다. 상추는 와거(萵苣), 와거채(萵苣菜), 와순(萵笋), 와채(萵菜), 등채(藤菜), 천금채(千金菜), 부루, 상치, 엽채 등으로 불리운다. 줄기는 가지가 많이 갈라지고 높이가 90~120cm이며 전체에 털이 없다. 상추는 재배 역사가 매우 오래 되어 기원전 4500년경의 고대 이집트 피라미드 벽화에 작물로 기록됐으며, 기원전 550년에 페르시아 왕의 식탁에 올랐다는 기록도 있고, 그리스 · 로마 시대에 중요한 채소로 재배하였다고 한다. 중국에는 당나라 때인 713년의 문헌에 처음 등장하고, 한국에는 연대가 확실하지 않으나 중국을 거쳐 전래되었으며, 중국의 문헌에는 고려의 상추가 질이 좋다는 기록이 있다. 상추는 주로 샐러드나 쌈을 싸 먹는데 이용되고 겉절이로도 먹는다. 비타민과 무기질이 풍부하여 빈혈 환자에게 좋으며, 줄기에서 나오는 우윳빛 즙액에 락투세린과 락투신이 들어 있는데, 이것이 진통과 최면 효과가 있어 상추를 많이 먹으면 잠이 온다. 상추에 들어 있는 당류는 대부분이 포도당인데 설탕과 과당이 들어 있다. 유리아미노산으로 로이신과 발린이 다른 채소보다 많으며, 라이신, 티로신, 페닐알라닌, 알라닌도 비교적 많다. 채소치고는 비타민 C가 적고, 향기 성분은 알파아미노 낙산황산염이 주성분이다. 사과산이 0.1%, 구연산이 0.02%정도 있으며, 감칠맛 성분으로 아테닐산이 들어 있다. 상추에는 정신안정과 진정작용이 있어 사소한 일에 마음 상해 두통이 생길 때에는 상추로 생즙을 내어 마시면 효과가 있다. 식욕을 돋우며 잠을 잘 이루지 못하는 사람에게 수면제 역할을 하는데 그 성분은 락튜카리룸으로 알려져 있다. 영양성분 함량은 수분 93.4%, 단백질 2.2g, 탄수화물 3.1g, 칼슘 106mg, 인 26mg, 철 4.7mg, 비타민 A 4480IU, 비타민 C 6mg을 함유하고 있다.

※ 상추겉절이

[재료]

상추 250g, 실파3뿌리, 양파1개

[양념장]

고춧가루, 젓국 3큰술씩, 다진마늘 2작은술, 통깨 · 참기름 약간씩

[만드는 법]

① 상추를 앞뒤로 깨끗이 씻어 물기를 뺀 후 손으로 찢거나 채 썬다.

② 고춧가루, 젓국, 다진마늘을 넣고 양념장을 만든다.

③ 양파는 곱게 채 썰고, 실파는 5cm 길이로 썬다.

④ 큰 볼에 상추, 실파, 양파, 양념장을 넣고 버무린다.

⑤ 마지막으로 통깨와 참기름을 뿌려서 낸다.

5-6 시금치 (Spinach, 紅根菜)

1. 시금치의 특성 및 성분

시금치는 명아주과의 종자식물로서 한해살이풀 또는 두해살이풀이며 잎이 식용되는 잎줄기 채소이다. 원산지는 아프가니스탄에서부터 투르키스탄에 걸친 서아시아 지역인 것으로 추정되며, 중국에는 한나라 때 페르시아로부터 실크로드를 거쳐 도입되었거나 당나라 태종 때 네팔로부터 헌정되었다고 한다. 한국에는 중국을 거쳐 전래된 것으로 추측되는데, 1577년(선조 10년)에 최세진(崔世珍)의 훈몽자회에 처음으로 시금치가 등장하고 있으므로 조선 초기부터 시금치가 재배된 것으로 여겨진다. 시금치에는 엽산이 다량 함유됨. 엽산은 혈액 속에 호모시스테인 증가에 의한 동맥 경화를 억제한다. 엽산은 시금치 외에도 순무, 근대, 무 잎, 소 간, 아스파라거스, 아보카도 등에 많다. 시금치에는 베타카로틴, 루테인, 페놀, 비타민C와 비타민 E, 식이섬유 등이 많다. 그래서 오래 전부터 시금치는 항암효과가 있는 건강식품으로 알려져 있다. 시금치에는 유기산으로는 수산 사과산 구연산 등이 있는데 수산을 많이 먹게 되면 체질에 따라 체내의 칼슘과 결합하여 녹지 않는 수산칼슘으로 변한다. 이것이 신장과 요도에 결석을 가져오게 되는데 하루에 500g 이상 매일 먹는 경우에 일어난다고 알려져 있다. 우리가 먹는 양은 100g 정도이므로 별로 문제가 되지 않는다. 영양함량은 수분 89.4%, 당질 5.2%, 단백질 3.1%, 지방 0.5%, 섬유소 0.8%, 칼륨 0.502%, 칼슘 0.04%, 비타민 A 0.607%, 비타민 C 0.06%를 함유한다.

> **※ 푸른잎 채소를 선명하게 데치는 방법**
>
> 물이 팔팔 끓을 때 채소를 넣는다.
>
> 반드시 뚜껑을 열고 데친다. 그래야 휘발 성분이 날아가 누렇게

변색되지 않는다. 푸른 잎 채소를 데칠 때에 소금을 넣는 것은 염분이 엽록소와 작용해 녹색의 색소를 그대로 유지시켜 주기 때문이다. 데친 후에 재빨리 찬물에 헹군다. 그대로 두면 남은 열이 녹색의 선명도를 떨어뜨릴 수도 있다.

※ 시금치나물

[재료]

시금치 1단, 소금, 통 깨, 실고추,

[양념]

다진파 2큰술, 다진마늘 1작은술, 참기름 1큰술, 깨소금 1큰술, 소금, 국간장

[만드는 법]

① 시금치는 뿌리를 잘라 내고 누런 잎은 다듬어서 깨끗하게 씻어 건진다.

② 물을 넉넉히 붓고 팔팔 끓으면 소금을 조금 넣은 다음, 시금치를 넣고 데친다.

③ 연한 것은 시금치를 넣고 바로 불을 끈 후 한 번만 뒤적여 주면 된다.

④ 데친 시금치는 바로 찬물에 헹구어 건져서 물기를 눌러 짠 후, 뿌리 쪽을 가지런히 모아 반으로 자른다.

⑤ 물기를 짠 시금치를 우묵한 그릇에 담고 분량의 양념을 넣어 무친다.

⑥ 접시에 무친 시금치를 담고 통 깨와 실고추를 얹는다.

※ 간장 시금치나물 무침

[재료]

시름치 1단, 간장 2큰술, 맛술 1큰술, 참기름 1작은술, 다진마늘 1/2작은술, 다진파 1작은술

[만드는 법]

ⓐ 시금치는 뿌리를 제거하고 끓는 물에 소금을 넣고 데쳐낸다.

ⓑ 데친 시금치를 찬물에 헹구어 물기를 꼭 짠다.

ⓒ 간장, 맛술, 참기름, 마늘, 파를 섞어 양념장을 만든다.

ⓓ 위의 만든 양념장에 데친 시금치를 버무린다.

ⓔ 양념장이 남으면 위에 끼얹는다.

※ 시금치 된장국

[재료]

시금치 1/2단, 모시조개 150g, 두부 1/4모, 대파 1뿌리

[국물재료]

된장 4큰술, 물 8컵, 다진 마늘 1큰술, 소금 약간

[만드는 법]

① 시금치는 끓는 소금물에 살짝 데쳐 찬물에 헹군 다음 적당한 길이로 다듬어 둔다.

② 모시조개는 옅은 소금물에 담그어 해감시킨다.

③ 두부는 한 입 크기로 썰어 두고 대파는 어슷 썰어 준비한다.

④ 손질한 모시조개는 냄비에 넣고 끓여 입을 벌리면 불을 끄고 국물을 체에 받쳐 놓는다.

⑤ 냄비에 조개국물을 넣고 된장을 먼저 푼 다음 한번 끓으면 두부, 시금치, 마늘을 넣고 끓인다.

⑥ 한소끔 끓으면 익은 조개와 대파를 넣고 살짝 끓인다.

5-7 당근 (Carrot, 唐根)

1. 당근의 특성 및 성분

당근(唐根)은 미나리과에 속하는 1년초로서 학명은 *Daucus carota L. var. sativa DC* 라는 꽤 긴 이름이며 한명(漢名)은 호라복(胡蘿蔔)이라고 한다. 원산지는 유럽(특히 서유럽지역)또는 중앙아시아인데, 맛도 좋고 영양적 가치도 높은 만큼 재배역사도 오래되어 지금으로부터 약 2,000년전부터 재배하기 시작한 것으로 보인다. 동양으로 전래된 것은 원(元)나라 초기인 1280년-1367년정도에 중국 운남(雲南)지방으로 들어 왔고, 당근(唐根)또는 홍당무(紅唐무우)라는 이름에서 추정해 볼 수 있는 것처럼 중국으로 부터 차차 우리나라로 전래된 것으로 보인다. 당근의 성분을 살펴보면 알파, 베타, 감마-카로틴(carotene)등이 많이 들어 있다. 여러 종류의 카로틴이 함께 들어 있어 이것을 모두 카로티노이드(carotinoid)라고 부르는데 약리효과를 나타내는 중요성분이다. 이 성분은 당근에서 많이 발견되므로 당근의 영명인 carrot에서 유래된 명칭이다. 당근에는 비타민 B1, B2및 안토시아닌(anthocyanine)이 소량 들어 있다. 당근을 먹을 때 약간 석유냄새 비슷한 것이 나는 것은 아주 소량이 들어 있는 알파-피넨, 캄펜 등의 정유성분(精油成分)때문이다. 이 정유성분은 어린 당근에서는 많이 함유되어 있다가 성숙해지면서 그 함량이 점점 줄어 들게되어 잘 익은 당근일수록 비릿한 석유냄새는 많이 가시게 된다.

2. 당근의 기능성

① 한방(漢方)에서 당근은 중초(中焦)를 보(補)한다고 한다. 즉 정력에 좋다는 말인데 본초강목(本草綱目)에서는 중(中)을 보(補)하고 장위(腸胃)에 좋고 오장(五臟)을 편안하게 하여 소화를 잘되게 한다고 기술되어 있다.

② 후기단계의 암을 억제한다. 당근속에 든 카로틴이 체내로 들어가면 우리 몸 세포의 단백질과 강하게 결합하여 질병을 이겨내는 면역력

을 높이고 후기단계(촉진단계)의 암을 억제한다는 것이 실험으로 입증되었다. 당근의 적황색성분인 카로틴은 많은 암중에서 특히 폐암에 잘 대항한다. 특히 폐 안쪽에 생기는 피부암의 일종인 편평세포암의 발생률이 약 7배나 줄어든다는 것이 확인되었다.

5-8 호박 (Gourd, 南瓜)

1. 호박의 특성 및 성분

호박은 박과(Curcubitaceae)에 속하는 식물로서 화초호박은 물론, 수박, 멜론, 오이 등과도 친척뻘 되는 식물인데 그중에서 영양가가 가장 높다. 원산지는 동 인도 지방이라고도 하고 열대아메리카라고도 하는 것으로 미루어 보아 정설은 없는 듯 하지만 호박(胡朴)이라는 명칭에서 알 수 있는 바처럼 북방에서 들어 온듯하며 임진왜란 이후 조선 선조 때 들어와 스님들이 먹기 시작하여 승소(僧蔬)라고 하다가 그 이후 일반 농가에 까지 널리 보급되었다고 한다. 호박의 성분은 품종이나 성숙도에 따라 그 성분이 많이 다르기는 하지만 대개 트리고넬린(trigonelline)이라고 하는 특이성분과 비타민, 무기질 및 각종 영양 성분의 보고이다. 비타민 성분으로는 카로티노이드(carotinoids), 비타민 B1, 비타민 B2, 니코틴산, 비타민C등이 많이 들어 있으며 영양성분으로는 지방산과 아미노산뿐 아니라 과당, 포도당과 같은 당류성분이 들어 있는데 호박이 누렇게 익을수록 이러한 당류들이 증가하여 단맛이 더욱 강해지게 된다. 미네랄성분으로는 칼륨, 인, 칼슘, 나트륨등이 각각 미량씩을 함유하고 있다. 호박성분 중 카로티노이드는 프로비타민A라고 불리기도 하는데 우리 몸속에 들어가면 비타민 A로 형태가 바뀌게 되는데 이 성분은 항암작용을 가지고 있는 물질이다.

2. 호박의 기능성

① 몸이 허할때 기를 보한다(補中益氣)한다고 알려져 왔다. 호박뿌리는 남과근(南瓜根)이라하여 부기를 가라앉히고 삶아 먹으면 소변을 잘 나오게 한다고 하며, 호박씨는 남과자(南瓜子)라고 하여 회충이나 촌충의 구제에 쓴다고 기록되어 있다. 호박줄기에 붙어 있는 털은 남과수(南瓜鬚)라고 하여 다려낸 물을 유방의 젖꼭지가 체내로 함몰되는 부인유축(婦人乳縮)에 쓰거나 화상이나 창상의 치료에 쓴다고 하며, 호박 열매위에 달린 꼭지는 남과제(南瓜帝)라고하여 역시 화상이나 옹종 등에 쓰인다. 호박줄기는 남과등(南瓜藤)이라하여 위장병이나 위통에 쓰며 호박잎은 남과엽(南瓜葉)이라하여 치질이나 창상 등에 먹으면 좋다고 한다.

② 항산화능에 의해 활성산소가 혈관을 파괴한다든가 노화를 가속화시키는 것을 강력하게 억제해준다. 또 호박씨도 일종의 종자식품(씨앗식품)중의 하나인데 이들 종자식품 중에는 실험동물에서 암을 강력하게 억제하는것으로 잘알려진 천연항암제가 많이 들어 있다는 것을 전술한 바 있는데 호박씨에는 프로테아제 트립신억제물질(protease trypsin inhibitor)가 특히 많이 들어가 있다.

5-10 도라지 (Bellflower root, 桔梗)

1. 특성 및 성분

도라지는 길경, 도랏, 길경채, 백약, 질경, 산도라지라고도 한다. 산과 들에서 자란다. 뿌리는 굵고 줄기는 곧게 자라며 자르면 흰색 즙액이 나온다.

높이는 40~100cm이다. 봄이나 가을에 뿌리를 채취하여 날것으로 먹거나 나물로 먹는다. 도라지의 주요 성분은 사포닌이다. 생약의 길경(桔梗)은 뿌리의 껍질을 벗겨 사용하는데, 이것은 사포닌 성분이 있어 가래를 삭이는 작용을 한다. 당분과 섬유질, 칼슘과 철분이 많은 우수한 알칼리성 식품이며, 기침감기에 특효가 있다. 폐경에 작용하여 담을 삭이고 기침을 멈추며 폐기를 잘 통하게 하고 고름을 빼낸다. 도라지는 입맛을 돋구어 주는 반찬으로 좋고 감기, 해소, 천식, 진해, 거담, 편도선염, 급만성기관지염, 인후염 등 여러 가지 질병에 약으로 광범위 하게 사용된다. 인체에 독성이 없을 뿐 아니라 중추신경을 억제해 진정, 진통, 해열작용을 나타내고 기관지의 분비기능을 향상시켜 가래를 삭이고 목 아픈 것을 가라앉히는 데 효과가 뛰어나다.

※ 도라지나물 볶기

[재료]

통 도라지는 껍질을 벗기고 가늘게 쪼개서 소금을 넣고 바락바락 주물러서 깨끗이 씻은 후 물에 잠시 담가 쓴맛을 뺀다.

[방법]

① 머리 부분에 칼집을 내어 잘게 찢어 먹기좋은 적당한 크기로 자른다.

② 후라이 팬에 식용유를 살짝 두르고 도라지를 볶는다.

③ 소금, 깨소금, 파, 마늘, 물을 약간 넣어 약한 불에서 뭉근히 볶는다.

④ 참기름을 넣고 마무리해서 낸다.

5-11 더덕 (Benth et Hook, 沙蔘)

1. 더덕의 특성 및 성분

더덕은 초롱꽃과의 다년생 덩굴식물이다. 뿌리는 도라지처럼 굵고 식물체를 자르면 백색의 즙액(汁液)이 나오며 잎은 어긋나고 짧은 가지 끝에서는 4개의 잎이 서로 접근하여 마주나므로 모여달린 것 같으며 길이 3~10 cm, 나비 1.5~4 cm로 피침형 또는 긴 타원형이고 잎가장자리는 밋밋하며 앞면은 녹색, 뒷면은 백색이다. 분포는 한국, 일본, 중국 등지의 숲 속이다. 용도는 봄에 어린 잎을, 가을에는 뿌리를 식용으로 이용하며, 생약의 사삼(沙蔘)은 뿌리를 말린 것이며 한방에서는 치열(治熱) · 거담(痰) 및 폐열(肺熱) 제거 등에 사용한다. 인삼, 더덕, 도라지 뿌리에는 특유의 쌉싸름한 향을 내는 사포닌이 많이 들어 있다. 더덕 뿌리에는 이러한 사포닌이 많이 들어있고, 이 사포닌이 기침을 멎게 하고, 가래를 삭이는 효과가 있다. 그래서 기관지염, 편도선염, 인후염 등 호흡기 질환에 좋은 식품으로 인정받고 있다. 더덕은 혈압을 낮춰주는 효능이 있기 때문에 고혈압 환자에게 좋고, 식욕부진, 변비에도 효과가 있다. 당뇨병 환자는 혈당을 높일 수 있으므로 피하는 것이 좋다. 더덕은 칼슘, 인, 철분 같은 무기질이 풍부하고 단백질, 지방, 탄수화물, 비타민 B 등 영양가가 골고루 갖추어진 고칼로리의 영양식품이다.

※ 더덕구이 만들기

[재료]

더덕은 방망이로 자근자근 두들겨서 양념 고추장을 발라 굽는다.

[만드는 법]

① 맛이 겉 돌지 않고 푹 배게 하려면 양념고추장을 발라서 적어도 10~20분쯤은 재어두었다가 굽는다.

② 양념고추장을 바르기 전에 참기름에 소금만을 섞어서(유장) 더덕 앞뒤에 발라 애벌구이를 한 다음 그 위에 양념고추장을 발라서 살짝만 구워 내면 간도 잘 배고 또 양념 때문에 타는 것도 어느 정도 막을 수가 있다.

※ 더덕 짱아찌

[재료]

더덕12뿌리, 고추장1/2컵 부재료 : 다진마늘1큰술, 다진파2큰술, 설탕1큰술, 물엿2큰술, 간장1큰술, 통깨1/2작은술, 참기름 1/2작은술

[만드는 법]

① 더덕은 껍질을 벗겨 반으로 갈라 깨지지 않게 살짝만 두들겨 놓는다.

② 두들겨 놓은 더덕은 햇볕에 펼쳐 꾸덕꾸덕하게 말린다.

③ 말린 더덕은 고추장 항아리에 푹 박아 놓는다.

④ 석달이 지나면 꺼내 고추장을 털어 낸다.

⑤ 분량의 양념(마늘, 파, 설탕, 물엿, 간장, 통깨, 참기름)에 무쳐둔다.

※ 더덕의 쓴 맛을 없애려면 소금물에 10분정도 담가둔다.

※ 더덕김치

[재료]

생더덕 3kg, 쌀가루풀 1컵(1cup), 다진 마늘 2/3컵(2/3cup), 다진 생강 1/3컵(1/3cup), 김치용 고춧가루 1/3컵(1/3cup), 고운 고춧가루 2/3컵(2/3cup), 무 0.5kg, 굵은 파 2컵(2cup), 밤 1/2컵(1/2cup), 소금, 배춧잎 4~5개: 우거지용

[만드는 법]

① 싱싱한 생더덕을 다듬어 소금물에 씻은 다음, 칼등으로 두들겨 껍질을 벗긴다.

② 껍질 벗긴 더덕을, 긴 것은 6~7cm 길이로 짧은 것은 그대로 가지런히 맞춰 절반으로 쪼갠다. 양념이 잘 스며들게 등 쪽을 칼등으로 자근자근 두들긴다. 한줌의 소금으로 비벼 부드럽게 숨을 죽이고, 소금물은 받아 둔다

③ 넓은 그릇에 쌀가루풀 마늘 생강 고춧가루를 넣어 양념을 만든다.

④ 숨죽인 더덕을 양념에 넣어 버무린 다음, 무 파 밤을 섞는다.

⑤ 항아리에 다져 담고, 받아둔 소금물로 양념 그릇을 헹궈 위에 붓는다. 배춧잎 우거지로 덮는다

⑥ 눌림을 하고 뚜껑을 덮어, 찬 곳에서 익힌다.

5-12 취나물

취나물(미역취)

취나물(서덜취)

취나물(곰취)

1. 취나물의 특성 및 성분

취나물은 대부분 국화과에 속하며 100여종이나 되며 우리나라 자생종은

60여종 이고 식용이 가능한 것은 24종이 있다. 우리나라에서 재배되고 있는 취나물은 참취, 개미취, 각시취, 곰취, 미역취, 가얌취, 수리취 등이 있는데 그 중에서 참취가 향기가 독특하고 수확량이 많기 때문에 농가에서 많이 재배하고 있다. 취나물은 맛과 향기가 뛰어나고 탄수화물, 비타민 A 등 다양한 영양분이 함유되어 있어 묵나물, 튀김, 부침용으로 이용되며 감기, 두통, 진통, 해독, 항암 등에 효과가 있어 한약재로도 이용된다. 취나물에는 비타민 A의 모체가 되는 카로틴과 비타민 B복합체가 있고, 칼슘과 철분 등을 비교적 골고루 가지고 있다. 취나물 중의 비타민 C가 알코올 분해의 도움을 주며, 비타민 B2는 간의 해독작용을 도와주기도 한다.

5-13 고들빼기

1. 고들빼기의 특성 및 성분

씬나물이라고도 한다. 산과 들이나 밭 근처에서 자라며 농가에서 재배하기도 한다. 높이 약 80cm이다. 줄기는 곧고 가지를 많이 치며 붉은 자줏빛을 띤다. 어린 잎과 뿌리는 김치를 담그거나 나물로 먹으며, 민간에서는 풀 전체를 약재로 쓰기도 한다. 한국, 중국 등지에 분포한다. 쓴맛 성분은 배당체이고, 이것은 식욕을 돋을 뿐 아니라 건위 작용을 한다.

5-14 명이 (산마늘)

1. 명이의 특성 및 성분

명이는 멩이, 맹이, 명이라고도 한다. 울릉도에서는 이른 봄에 먹는 중요한 산나물의 하나이다. 최근에는 경북 동북부 지역에서도 인공에 의한 대량재배가 이루어지고 있다. 한국, 일본, 중국 북부, 시베리아 동부, 캄차카반도 등지에 분포한다. 명이는 자양강장에 좋고, 맛이 좋은 산채로 예로부터 애용되어 왔는데, 중국에 서는 자양강장제 중 제일로 치고 있다. 최근에는 식중독 균에 대한 항균효과와 인체 내의 비타민B 흡수를 촉진하는 기작 및 항혈전 작용 물질의 존재가 밝혀짐에 따라 건강식품으로 매우 인기가 상승하고 있다.

6장 과일

6-1 식품과 과일

1. 과일 (과실, fruits)

- 식물학적으로는 자방 또는 그 부속기관이 비대한 것으로 종자를 지님
- 과실의 구조는 외과피, 종자, 과육부로 나누고, 과실 종류에 따라 구조가 상이
- 재배종과 야생종 : 세계적으로 2800여종 이용, 300여종은 재배

2. 분류

- 인과류 (仁果類, kernel fruits): 꽃 받침이 발달하여 과육부(果肉部)를 형성한 것으로 꼭지와 배꼽이 서로 반대편에 있다. 사과, 배, 비파 등이 이에 속한다
- 준인과류 (準仁果類, quasic kernel fruits): 씨방이 발달하여 과육이 된 것으로 감, 감귤류가 이에 속한다.
- 핵과류 (核果類, stone fruits): 내과피(內果皮)가 단단한 핵을 이루고 그 속에 씨가 들어 있으며, 중과피가 과육을 이루고 있는 것으로 씨방이 성장 발달해서 결실한 것. 복숭아, 매실, 살구 등이 이에 속한다.
- 장과류 (漿果類, berry fruits): 꽃 턱이 두꺼운 주머니 모양이고 육질이 부드러우며 즙이 많은 과일로 중 과피와 내과피로 구성. 포도, 무화과, 딸기, 바나나, 파인애플 등이 이에 속한다.
- 견과류 (堅果類, shell fruits, nuts): 과피가 밀착 건조하여 단단하게 변화되어 있는 것으로 호도, 밤, 잣 등

3. 식품학적 가치

- 생과일

- 다양한 가공품
- 향기와 청량감
- 알칼리식품
- 3차 기능성 : 섬유소, 페놀화합물, 카로티노이드 등

4. 과일의 저장

- 저장수명이 짧아서 (수분 함량↑) 특수한 저장법 요구
- 저온저장
- CA 저장

5. 과일 가공

- 건조과일
- 통조림과일
- 동결과일
- 과일펄프와 슬러리
- 마마레이드, 잼, 젤리
- 과일쥬스
- 과일넥타
- 과일분말
- 무알콜음료: 과일쥬스, 레모네이드

6-2 과일의 성분

1. 성분과 맛

- 가식부의 경우 수분이 전체의 85-90%, 단백질 0.5-1.0%, 지방은 0.3%, 탄수화물은 당분이나 섬유 등으로 10-12% 정도이다. 그 외에 회분은 0.4% 정도이고, K와 C 등이 다소 많이 들어있으며, 비타민과 특수성분 등을 함유하고 있다.
- 단맛과 신맛 : 설탕, 다당류, 유기산함량은 높음
- 독특한 향기와 색깔 : 다양한 색소와 향기물질
- 품종간의 맛 차이 : 사과의 홍옥과 부사 등
- 성숙도에 따른 맛 차이 : 미숙 과일의 신맛
- 열량 낮은 편 : dry matter 10-20%, 질소화합물과 지방은 적음
- 영양학적 가치 : 비타민과 무기물이 중요
- 다양한 2차대사산물 : 특히 페놀화합물
- nuts의 성분 분포는 일반 과일과 다름 (高熱量食品)

  수분 : 10%-20%, N-compds : 약 20%, lipids : 50%

2. 함질소화합물

1) 과일의 함질소화합물

- 전체적으로 0.1~1.5% 정도의 함질소화합물(nut 제외)
- 이들 중 35~75%가 단백질

2) 단백질

- 효소가 대부분 - 일차 또는 2차대사에 관여하는 효소
- 품종과 성숙도에 따라 함량과 분포가 다른 경우가 많음
- 전기영동패턴은 과일의 종이나 품종의 확인 및 검정지표

3) 유리아미노산

- 가용성 함질소화합물의 50% 점유
- 아미노산 형태는 과일 종류에 따라 특정적

3. 탄수화물

1) 단당류

- 포도당과 과당이 대부분 : 과일의 종류에 따라 함량비 다양
- 기타 arabinose, xylose, heptulose 등을 함유

2) 소당류

- 설탕이 주류
- 소당류들의 종류는 다양하나 소량
- 엿당(maltose) : 포도, 바나나, 구아바 등
- 포도: melibiose, raffinose, stachyose
- 익은 바나나: 6-kestose

3) 당알코올

- 당 알코올의 존재와 함량은 과일주스의 검정지표로 활용 됨
- D-sorbitol
  - · 장미과 과일에서 주로 발견 됨
  - · 사과쥬스 100ml 당 300~800mg 함유
- meso-inositol : 오렌지 쥬스 100ml 당 130~170mg 함유

4) 다당류

- 세룰로오스, 헤미세룰로오스, 펜토산, 펙틴
- 펙틴
  - · 과일의 성숙과 상관관계
  - · 과일이 익으면, 불용성 pectin은 낮아지고, 가용성 pectin은 증가,

총 pectin 함량은 낮아짐

- 전분
  - 주로 미숙과에 존재 : 익으면 소실
  - nuts (밤, cashew, brazil, 등)와 banana (3%)는 익어도 전분 함유

4. 지방질

1) 총 함량

- 신선한 것의 중량비로 0.1~0.5%
- 과일씨나 견과류에 많이 함유됨
- Avocado는 예외적으로 높음

2) 과육 (flesh)의 비누화물

- 인지질의 함량이 높음 (50% 정도)
- 대체적으로 palmitic, oleic, linoleic acid의 함유비가 높음

3) 과피 (fruit peel)의 waxes

- 고급지방산과 고급일가 알코올의 esters
- hydrocarbon, free fatty acids, free alcohols, aldehydes, ketones 등 소량4) 카로티노이드
- 감귤류, 배, 참외 등의 주 색소

5) 트리터페노이드

- limonoids
  - 감귤류의 씨와 과일에서 발견됨
  - 오렌지는 익어감에 따라 낮아짐
  - 포도는 일정량 유지
  - 열처리 오렌지 쥬스에서 쓴맛이 더 나타남 (가공상의 문제점)

- cucurbitacin : Cucurbitaceae (박과) 과일의 쓴맛 물질

5. 유기산

1) 과일의 유기산

- 과일의 신맛 요인 : L-malic acid와 citric acid가 주 물질
- 사과산(malic acid) : 사과와 핵(석)과에 많음
- 구연산(citric acid) : 장과류, 감귤류 그리고 열대과일에 많음
- 주석산(tartaric acid) : 포도에만 존재
- galacturonic acid 및 glucuronic acid

6. 페놀화합물

- 분포와 함량
  - · 신선한 과일에 0.03-1%
  - · 과일에 널리 분포
  - · flavonoids, phenolic acids, anthocyanins
- 건강기능식품의 대상 : 항산화 물질
- 식품공학적 의의
  - · 대부분 색깔과 향미 (주로 맛)에 관여
  - · 수렴미(astringency)의 요인 : tannin과 그의 관련물질
  - · polyphenol oxidase (PPO) 또는 phenolase의 기질 : 효소적 갈변
  - · 페놀계 물질들은 단백질과 혼합물 형성 : 과일 쥬스의 탁도를 증가

7. 향기 물질

- 과일 선택의 관능적 품질지표

· monoterpene, diterpene등의 terpenoid와 alcohol, aldehyde, ketone, ester, acid, 저분자 phenolic compound들이 다양한 함량 비율로 분포

· 일반적인 방향성화합물 외에 재료 별로 독특한 방향성분을 지니기도 함

예) 바나나 : eugenol, *o*-methyleugenol, elemicin

포도 : methylanthranilate

감귤류 : limonene

8. 비타민과 무기물

1) 비타민

- Vit C 원
- vit A (주로 provitamin A) : β-carotene
- 약간의 vitamin B군

2) 무기질

- K^{+} / PO_4^{+++}

6-3 과일수확 후 성분변화

1. 과일의 성숙

- 매우 복잡한 물리, 화학적 변화를 수반
- 연화, 감미 증가, 향기 및 색깔 변화
- 호흡속도와 대사변화가 동시에 일어남

2. 호흡율의 변화

- 성장 단계와의 관계
- 성장시 : 호흡율 증가, 익어감에 따라 감소
- 호흡율 급상승(climacteric rise) : 수확 후 과실의 호흡량이 일정기간 경과하면 급격히 증가하는 현상을 말함, CO_2 생성 최대에 이름 (전 기간-미숙단계, 후 기간- 과숙단계)
- 호흡율 급상승에 따른 과일의 구분
  - · 호흡율 급상승 과일 : 사과, 살구, avocado, 바나나, mango, papaya, 자두, 배, 자두, 토마토. 호흡율 급상승 이전에 수확 후 출하하는 것이 유리.
  - · 비 호흡율 급상승 과일: 파인애플, 오렌지, 딸기, 포도, 오이, 체리, 멜론, 수박, 자몽
- 과일은 수확 후의 호흡형태에 따라 구분하기도 함
  - · type 1 : 성숙기에 서서히 CO_2 생산이 저하되는 것 : orange 등
  - · type 2 : 성숙기에 CO_2 생산이 단기간 내에 상승하는 것 : avocado, 바나나, mango, 토마토
- type 3- 과일이 과숙할 때까지 CO_2 생산수준이 최대치를 유지하는 것 : 딸기, peaches

3. 대사 변화

- 탄수화물은 증가
  - 성숙기에는 전분 낮아지고, 당은 증가, hemicellulose 떨어짐(9%→1~2%)
  - pectin의 분자량은 낮아지고, methylation 정도도 낮아짐
- 단백질과 효소의 양은 증가
- 아세톤 생성
- 산 함량은 감소 (lemon 제외), ascorbic acid synthesis 왕성
- 과일 숙성 촉진제-ethylene, methionine(ethylene biosynthesis 촉진), 식물 성장 hormone 등

6-4 사과

- 사과의 주성분은 탄수화물이고, 단백질과 지방이 적으며, 비타민 C와 무기염류의 함량이 많이 함유되어 있다.
- 영양성분 함량(가식부 100g 당)은 수분 86.8%, 탄수화물 13.1g, 단백질 0.2g, 지질 0.1g, 섬유질 0.5g, 칼륨 110mg, 칼슘 3mg, 인 8mg, 나트륨 1mg, 철 0.1mg, 비타

민 B1 0.01mg, B2 0.01mg, C 3mg, E 0.2IU.

- 항산화물질인 폴리페놀 성분이 다량 함유
- 니코틴 해독작용을 해줘 흡연자의 폐 기능을 보호
- 콩팥을 건강하게 하려면 사과를 즐겨 먹음. 사과에는 아미노산의 일종인 시트르닌 성분이 있어 체내에서 소변 생성을 촉진시켜 이뇨작용을 원활하게 해준다.

※ 사과 쥬스 실험(1)

일본 나가노현 농업연구소팀은 최근 여학생 22명을 대상으로 사과 한 두 개 분량의 주스를 1주일간 마시게 하고 혈액의 흐름을 조사했다. 그 결과 혈액의 모세혈관 통과 시간이 평균 45초로 나타났다. 즉, 실험 전 60초8보다 무려 15초나 앞당겨졌다.

- 심기를 돋우고 중초, 비위를 보하여 식욕부진에 좋고 가슴이 답답한 증상이나 마른 기침이 나는 데도 효과가 있다.
- 우울증, 불면증에 효과적
- 사과는 맛도 우수하고 뇌졸중, 고혈압, 동맥경화, 당뇨병 등 각종 성인병의 예방
- 혈액흐름 개선(동맥경화 예방)
- 혈중 중성지방을 낮춤

※ 사과 쥬스 실험(2)

일본 과수연구소 품질화학연구팀은 14명의 성인 남녀에게 사과를 하루 두 개씩 3주간 먹게 하고 혈중 중성지방을 측정했다. 그 결과 실험 대상자의 중성지방이 평균 21%나 낮아진 것이다. 특히 중성지방치가 높은 사람조차 정상 기준 이하로 내렸다.

- 알레르기 예방 효과도 우수

※ 사과 알레르기 실험

영국의 한 연구팀은 주 2회 이상 사과를 먹은 사람은 기관지천식에 걸릴 위험이 32% 줄었다고 보고하였다. 또한 일본 과수연구소의 발표에 따르면 사과를 섭취한 알레르기 환자의 히스타민 농도가 24%나 감소했다고 한다. 히스타민은 알레르기를 유발하는 원인물질이다.

※ 사과 두유 주스

[재료]

사과주스 2분의1 컵, 두유 2분의1 컵, 소금 1g

[만드는 법]

두유에 사과 주스를 섞어 잘 젓는다. 양주를 약간 첨가해 향을 낸다.

※ 사과잼

[재료]

사과(홍옥) 4kg, 설탕 2kg

[만드는 법]

① 사과를 잘 씻어 껍질을 벗기고 속을 뺀 다음 얇게 썰어 두꺼운 남비에 넣고 졸인다.

② 설탕을 세 번에 나누어 넣으면서 마지막 설탕을 넣을 때 강한 불에서 저으면서 끓인다.

③ 알맞게 졸여지면 뜨거운 잼을 뜨거운 병에 담아 덮개와 조이개로 밀봉하여 거꾸로 세워 자연상태에서 식힌다.

6-5 배

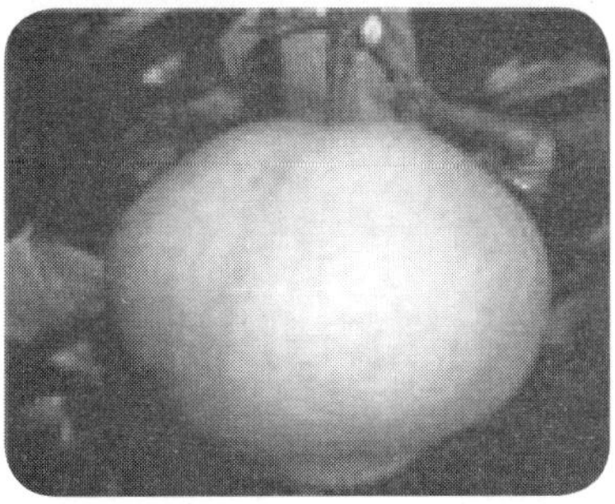

- 배의 당분은 과당이 대부분이고 포도당은 적다
- 영양성분 함량(가식부 100g 당)은 수분 88.6%, 탄수화물 10.1g, 단백질 0.3g, 지질 0.1g, 섬유질 0.6g, 칼륨 140mg, 나트륨 2mg, 철 0.1mg, 인 11mg, 칼슘 3mg, 비타민 B1 0.03mg, B2 0.01mg, C 3mg, 나이아신 0.2mg, 비타민 E 0.1mg
- 배 속에는 효소가 많은 편이어서 소화를 돕는 작용도 한다. 불고기를 잴 때나 육회에 배를 섞으면 고기가 효소의 작용으로 연해질 뿐만 아니라 소화성도 좋다
- 배의 석세포(배를 먹을 때 까슬 까슬하게 느껴지고 오톨도톨한 것)는 리그린 · 펜토산이라는 성분으로 된 세포막이 두꺼워진 후막세포이며, 변비에 좋음, 천연칫솔
- 폴리페놀 산화효소에 의하여 산화되어 갈색의 착색물질 만듦 (갈변방지: 1% 전후 소금물에 담군다)

※ 배의 한방 치료

일반적으로 감기 초기에 콧물이 있고 가래가 끓으며 목안이 아픈 경우라면 도라지를 다려서 입 안에 머금었다가 마시면 좋다. 반면, 감기 증세가 오래 진행이 되면서 가래나 인후통은 줄어들고 목안이 간질거리고 마른 기침이 나오는 경우라면 배가 더 좋은데 소화력이 약한 경우라면 배를 익혀서 먹거나 다려서 즙으로 먹는 것이 더 좋다. 만약, 변비가 있고 갈증이 심하다면 배를 생으로 먹는 것이 더 효과가 좋다.

6-6 감

- 성분 : 수분 83%, 당분이 14%, 카로틴 100g에 400I.U. 비타민 C도 다량, 구연산 과 사과산 0.2%, 칼슘은 감 100g에 13mg, 인 36mg.

※ 감과 한방 치료

내치질이나 항문 파열로 혈변이 생겼을 때는 곶감을 솥에서 쪄내어 하루 2회씩 식 후 먹는 것이 가장 효과적이다. 고혈압은 감잎 15g에 물 200cc를 넣고 반이 될 때까지 달인 물을 아침 저녁으로 마시면 개선된다. 분말로 만든 감잎차가 위궤양에 대해서도 완화작용이 있는 것으로 밝혀졌다. 감꼭지는 딸국질을 멎게 하는 묘약으로 알려져 있다. 곶감의 하얀 가루는 기침과 구강염, 갈증이 날 때 응용하면 좋은 효능을 발휘한다.

※ 감잎 차

[재료]

감잎차는 5~6월 새순이 난 것을 채취하거나 7~8월의 무성한 잎을 사용

[만드는 법]

① (고욤나무나 돌감나무의 잎이 더 좋다)채취한 감잎을 실에 꿰어 그늘에 매달아 2~3일간 말린 다음 3밀리미터 정도의 폭으로 잘게 썬다.

② 잘게 썬 감잎을 스테인레스 찜통이나 옹기 시루에 3cm 쯤의 두께로 넣고 수증기로 1분 30초에서 2분쯤 쪄서 30초쯤 식혔다가 다시 한 번 1분 30초쯤 쪄서 그늘에 말린다.

③ 상기와 같이 만든 감잎을 비닐봉지에 넣어 창호지에 싸서 보

관해 두고 60～70℃의 물에 감잎을 적당히 넣고, 10～20분 쯤 우려내어 마신다. 물 1리터에 감잎 10그램쯤이 좋다.

※ 수정과

[재료]

곶감 10개, 생강 50g, 잣 1작은술, 통계피 50g, 통후추1스푼, 설탕 반컵, 물 10컵

[만드는 법]

① 곶감은 씨를 빼고 손질하여 둔다.

② 생강은 껍질을 벗겨 씻고 얇게 저민다.

③ 저민 생강, 통계피, 통후추를 물에 넣고 끓여 받친 다음 설탕을 넣고 다시 한 번 끓인 다음 식혀 둔다.

④ 재료를 끓인 물에 손질한 곶감을 넣어 하룻밤 정도 재워 둔다.

⑤ 먹을 때 수정과에 잣을 띄운다.

6-7 귤 (진피)

- 영양성분 함량 : 수분 86.5%, 탄수화물 12.1g, 칼슘 18mg, 인 10mg, 비타민 A 82I.U, B1 0.11mg, B2 0.06mg, C 25mg.
- 칼륨과 비타민 P는 고혈압과 동맥경화를 예방하고 심장병과 뇌졸중의 위험 감소
- 감기에는 마른 귤껍질 한줌에 생강 한 조각를 갈아서 섞고 200cc 정도의 물에 달인 후 마신다. 귤껍질 안쪽에 붙은 흰 부분을 긁어내면 더욱 효과가 있다.

6-8 복숭아

- 사과산과 구연산이 1.5%, 식이섬유 1.38%(생물 중), 비타민 A. B1. B2. B6. C. E, 나이아신 등이 함유
- 폴리페놀 함량이 50mg/100g 함유-아질산과 아민화합물과의 반응에 의한 발암물질인 니트로소아민의 생성 억제 작용

※ 복숭아와 한방 치료

복숭아꽃을 그늘에 말려 가루로 내어 먹을 경우 불필요한 살을 빼는데 효과적이고 원형탈모증 예방에 좋다고 한다. 복숭아는 니코틴 해독작용을 해줘 흡연자의 폐 기능을 보호한다. 복숭아씨는 한방에서 진해제, 생리불순, 생리통에 쓰이며 피부가 가렵고 건조하거나 기미나 주근깨 등에 바르고 곱게 갈아 한 숟갈씩 먹기도 한다.

6-9 포도

- 주석산과 사과산이 0.5~1.5%, 펙틴이 0.3~1%, 기타 고무질, 이노시톨, 타닌 등
- 영양성분 함량 : 수분 86.4%, 탄수화물 11.5g, 칼슘 12mg, 인

20mg, 비타민 B1 0.40mg, B2 0.25mg.

- 포도 껍질에 들어있는 레스베라트롤 이라는 물질은 항산화 작용, 항암작용, 항염증 작용, 콜레스테롤 저하 효과가 있다.
- 포도주에 함유된 폴리페놀 화합물이 심장병을 예방- 인체의 유해산소를 제거

※ 포도주와 과학

고대 이집트의 의사들은 심장병, 천식, 피부병, 우울증, 분만시 통증을 치료하는데 포도주를 이용하였다고 한다. 고대 그리스에서는 전쟁터에서 입은 상처를 씻는 데 쓰는 살균제였다.

동의보감에는 포도주는 얼굴빛을 좋아지게 하고 신장을 덥게 하는 술로 기록돼 있다. 즉, 이뇨, 강장작용을 한다.

6-10 호두

- 호두나무는 이란의 페르시아지방이 원산지
- 우리나라는 고려중엽에 중국으로부터 전래된 것으로 추정
- 영양성분 함량 : 단백질 18.6g, 지질 59.4g, 탄수화물 15.7g, 회분 1.8g, 칼슘 130mg, 인 199mg, 철 3.0mg, 비타민 B1 0.55mg, B2 0.11mg.
- 호두의 지질은 불포화 지방산이 많고 혈청 콜레스테롤의 저하 작용 동맥경화. 고혈압 예방에 도움
- 호두는 식물성 식품이지만 영양소의 비율만 놓고 보면 동물성 식품과 유사(단백질 27%, 지방 64%, 열량 692㎉/100g, 당질 함량은 5%)

- 리놀산과 리놀레인산은 필수지방산(비타민 F)으로 리놀산은 혈압을 떨어뜨리는 효과가 입증됨. 또한 겨울철의 동상예방과 각종 피부병과 탈모증 치료에 이용
- 호두는 당뇨병의 예방 및 치료에도 유용. 호두등 견과류를 매주 5회 이상 먹으면 당뇨병 발생 위험이 20% 감소.

※ 호두 이야기

40대가 하루 1개를 먹으면 10년을 장수하고, 50대는 5년 장수한다는 속담이 있을 만큼 호두는 예로부터 노화를 막고, 두뇌발달에 도움 주는 영양식품으로 그 가치를 인정받아왔다.

6-11 파인애플

- 당분은 주로 설탕이며 과당과 포도당이 있고, 새큼한 맛은 구연산과 사과산이고, 카로틴계 색소는 노란색을 띤다.
- 영양성분 함량 : 수분 88.5%, 단백질 1.7g, 탄수화물 9.1g, 칼슘 17mg, 인 6mg, 비타민 C 31mg.

- 향기는 초산에틸을 비롯한 여러 가지 에스텔과 알코올 종류가 그 성분이다.
- 과육에는 단백질 분해효소인 브로멜린이라는 특수 성분이 들어있어 산성 식품을 먹고 난 후식 과일로 좋다.

7장 버섯류

7-1 버섯 일반

1. 버섯의 희귀성

- 로마 : 신이 주신 식품으로 특별한 행사에만 먹음
- 중국 : 불로초(영지) 불로장생 식품으로 왕에게 하사, 특별사면
- 멕시코 : 인디언들 종교행사와 마술환각제로 사용

2. 식품으로서의 버섯

- 버섯은 각종 당류, 단백질, 지질, 무기물, 비타민, 핵산 및 생리활성 물질 함유
  - 무기질 : 쇠고기보다 많고, 단백질은 감자의 2배 토마토와 당근의 4배
- 소화 흡수율이 높다.
- 독특한 향내와 맛
- 씹는 즐거움 부여
- 저칼로리의 식품

3. 국내자생버섯

- 1,000여종, 이중 100여종 식용, 50여종 약용(지구상 15,000여종, 3,000여종 확인, 2,000여종 식용)

7-2 영양 성분

1. 일반성분

- 신선한 버섯은 수분이 80~90%를 차지한다.
- 일반적이 버섯 : 단백질이 20~40%, 탄수화물이 40~70%, 지질의 함량은 3~7%, 회분은 5~10%정도이고, 섬유질이 많이 함유된 식품이다.

2. 탄수화물

- 버섯의 탄수화물 : trehalose, mannitol 및 arabinotol 등이 많이 함유 → 미각과 관련

※ 특히 당 알코올류들은 소장에서 쉽게 흡수되어 효소에 의해 분해되지 않고 콩팥을 거쳐 체외로 직접 배출되기 때문에 저칼로리 영양소로 알려졌다.

※ β-glucan, heteroglucan 및 chitin질 등의 비소화성 식물성 섬유가 주류를 이루고 있으나 녹말은 거의 없어 이론적 함량에 비해 칼로리가 매우 낮은 식품 저칼로리 다이어트 식품

3. 단백질

- 단백질은 신선한 버섯의 경우는 1~5%이고(양배추의 2배, 오렌지의 4배) 말린 버섯에는 20~40%(쌀, 대두, 우유보다 많다)
- 조단백질의 약 2/3은 순단백질이고, 나머지는 비단백질의 유기질소 화합물
- 버섯 단백질의 소화율은 약 74%로서 양호하며(특히 송이나 표고는 80%이상) 단백질 식품으로도 좋음
- 단백질의 구성 아미노산은 필수아미노산의 함량이 높고,

※ 식물성 재료에서 부족한 lysine을 함유하고 있어 식물성 단백질과 육 단백질의 부족을 보완하기에 좋은 영양소이다.

4. 지질

- 총 지방함량 : 건물기준 1.3~12.6%
- 구성지방산은 불포화지방산이 80%

  이중 필수지방산인 linoleic acid($C_{18:2}$)가 가장 많음 → 생체내에서 다양한 생리작용
- Ergosterol : 대부분의 버섯에서 0.1~0.5g(건조중량 100g당)함유, 버섯의 종류, 품종, 산지, 발육시기, 균체부위에 따라 함유량은 상이, 빛과 열에 의한 건조시 vitamin D2로 변환

5. 비타민

- 수용성비타민: B_1, B_2, niacin, pantothenic acid 등 함유
- 신선한 버섯 100g에는 이들 성분이 성인 1일 필요량의 1/4량을 함유
- 지용성 비타민의 경우는 소량이 함유
- 비타민의 A와 C는 거의 함유하고 있지 않다

※ 비타민 B군 : 인체내에서 당질대사 및 에너지대사에 관여하는 중요한 구성성분 에너지 소모가 많을 경우 공급해주어야 하는 필수 영양소

※ 비타민 D : 칼슘 및 인산의 대사에 관여하고, 칼슘의 흡수촉진, 뼈의 골화 촉진, 결핍시 구루병이나 골연화증이 발생 소아와 성인인 경우 버섯은 훌륭한 식품

6. 무기물

- 무기성분; 1-5% 함유
- K, Na, Ca, P 등이 다량 존재 : 세포내 전해질 대사에 중요한 기능

7. 유기산

- 유기산 : 건물당 약 0.5%정도 함유(정미성분으로 사과산, 푸마르산, 수산 등의 함량이 높음)

8. 핵산

- 버섯 특유의 맛에 영향
- 핵산 : guanosine-5'-monophosphate(GMP)와 adenosine-5'-mono-phosphate(AMP)
- 버섯의 정미성은 글루타민산, 호박산, 사과산 등과 유리당의 균형에 의해 결정

9. 향기성분

- 버섯 : 독특한 향미로 인하여 많이 이용
- 송이버섯 향 : methyl cinnamate, methyl ester, matsutakeol이고, 독특한 방향은 octenol
- 생표고 : 함황화합물인 lentinic acid는 무미 · 무취이지만 가열건조시 lenthionin이 생성됨
- 건표고 : 좋은 맛을 내는 guanylic acid이 증가하여 건표고 특유의 정미성을 나타냄 → 이들 성분은 요리시 파, 마늘에서 나는 자극성 냄새를 중화시켜주는 역할

10. 기타 성분

- 영지버섯 : terpenoid 성분인 ganoderic acid, ganolucidenic acid, lucidenic acid, ganoderol 등이 영지 특유의 고미를 나타냄

7-3 버섯의 생리활성 및 성분

- 버섯의 기능성 : 생체방어, 생체리듬조절, 질병의 예방과 회복 기능 성분 함유
- 제6의 영양소 : 비소화성 β-glucan, heteroglucan 및 chitin질 등-식이섬유(dietary fiber)원
- 섭취시 생체내 영향
  ① 혈액중의 콜레스테롤 저하를 통한 고혈압과 동맥경화를 예방
  ② 수분 흡착에 의한 포만감 지속 유지,
  ③ 장관내 유해물질 흡착 배설을 통한 정장작용 등
- 작용기작
  ① 생체세포 또는 기관에 직접적으로 작용하는 것이 아니고
  ② 숙주의 방어능력을 향상시킴으로써 효력를 발휘

1. 항암 및 면역증강 활성 물질

(1) 버섯의 항암 활성에 대한 연구

1960년대부터 일본을 중심으로 연구가 진행되어 왔음, mouse에 고형암을 이식시킨 다음 버섯추출물 투여시 암세포가 퇴축된다는 사실이 보고되면서 활발한 연구시작

(2) 항암 활성버섯

① 목질진흙버섯(*Phellinus linteus*)

② 영지버섯(*Ganoderma lucidum*)

③ 운지버섯(*Coriolus versicolor*)

④ 표고버섯(*Lentinus edodes*)

⑤ 잎새버섯(*Grifola frondosa*)

⑥ 신령버섯(*Agaricus blazei*)

⑦ 동충하초(Cordyceps sp.) 등의 버섯에서 항암활성 다당류가 분리됨

(3) 현재 제품화된 것

① krestin - 구름버섯 배양여액,

② lentinan - 표고버섯 자실체,

③ schizophyllan - 치마버섯 배양액,

④ mesima - 상황균사체

※ 항암 및 면역보조제로 시판 중

- 구조 : 대부분 β-1,3 glucan 구조를 가지고 있고 β-1,6이 측쇄를 가짐
- 항암작용기작

① 생체반응조절물질(biological response modifiers, BRM)과 같은 기능수행

② 버섯 유래 다당류들은 종래의 세포독성을 나타내는 항암제와는 달리, 숙주의 저하된 면역기능을 상당수준 회복 또는 증강시킴으로써 항암효과 발휘

③ 숙주에 특별한 부작용이 없어 화학요법제의 부작용을 완화시키거나 예방의 기능을 가짐

④ β-Glucan성 다당류의 항종양 작용기전

· B 세포, T 세포, 대식세포 및 natural killer(NK) 세포의 매개에 의해서 일어남

· β-Glucan에 의해 유도된 IL-1과 tumor necrosis factor(TNF-α)는 TH 전구 세포 및 NK 세포 등을 성숙 분화시킨다.

· T세포활성화에 의해 생성된 interleukin-2(IL-2), interferone (IFN-γ), 대식세포 활성화 인자(MAF) 등은 세포 상해성 T 세포(CTL), NK 세포 및 대식세포를 성숙시키거나 활성화시키며,

· 이들은 표적세포를 특이적 또는 비특이적으로 상해·파괴시킨다.

· 또 다른 경로는 대식세포 또는 helper T세포로부터 분비된 IL-1과 TNF-α에 의해 혈청 단백질의 증가 및 보체계의 활성화를

통하여 비특이적으로 세포상해성 대식세포를 유도하여 종양세포를 상해함

2. 항산화 작용

- 종류 : 영지, 목질진흙버섯, 양송이, 표고버섯의 자실체와 균사체추출물들은 항산화능 우수
- 모든 생명체 : 대사과정 중 다량의 활성산소종(active oxygen)을 생성
  - · 산소보다 산화력이 더 큰 분자들: hydrogen peroxide(H_2O_2), superoxideanion, hydroxyl radical, singlet, oxygen, peroxy radical 등
  - · 생체내 영향: DNA 염기의 변형, 돌연변이, 염색체 절단, 세포독성, 발암성을 나타냄, 이유는 생체 내에서 자동 산화 반응의 개시, 이중 결합에 수산화기나 singlet oxygen의 첨가, 지질의 과산화 반응, 지방족 탄화수소로부터의 탈수소 반응 등에 의해
  - · 질병 유형: 돌연변이, 노화, 치매, 관절염, 국소 빈형에 의한 손상, 심장질환, 백내장 등 원인
- 버섯에 함유되어 있는 항산화 성분 : 세포의 기능저하나 동맥경화, 간장해 예방 및 노화억제 효과 등에 대한 생체조절 기능을 하고 있는 훌륭한 건강식품(neutriceutical)

3. 간보호 작용

- 버섯 : 영지버섯과 구름버섯으로부터 분리한 다당류 성분, 영지버섯의 ganoderic acid R, S는 간장보호 작용
- 간장질환 치료기작 : 간염 virus의 감염에 의해 저하된 면역능을 회복에 의한 효과
- 임상실험 : 구름버섯(*Coriolus versicolor*)로부터 얻어진 다당류를 만성간염 환자에 투여한 결과, HB_e 항체의 출현과 HB_s 항원이 소실되는

효과가 있으며, CCl_4로 독성이 유발된 실험동물에서도 간기능을 개선시키는 효과가 있다.

※ 영지(*Ganoderma lucidum*)는 한국, 중국 및 일본에서는 오래 전부터 강장, 간염, 고혈압 및 암 등의 질환에 대한 민간요법 약제로 이용되어져 왔다. 영지의 열수추출물은 급성간염과 간의 급성 병변 및 긴경변의 진행을 억제

4. 혈당강하작용

- 종류 : 영지자실체 열수추출물(단백다당류인 ganoderan A와 B)은 mouse의 혈당치를 감소 열수추물 엑기스의 경우도 흰쥐의 혈당치를 감소시킴

5. 강심작용

- 종류 : 영지버섯의 열수추출물, 풀버섯의 volvatoxin, 팽이버섯의 fulammatoxin
- 실험 : 개, 토끼, 개구리의 심장을 사용하여 실험한 결과 강심작용이 있음이 밝혀짐

6. 혈압조절작용

- 종류 : 영지버섯 엑기스는 강압과 승압의 양작용을 조절하여 혈압을 정상조절
- 성분 : terpenoid 성분으로 저분자인 ganoderic acid B, D, F, H, K, S, Y, 고분자인 ganoderan A와 B 등
- 작용 : angiotension I converting enzyme(ACE)의 저해제로서 작용함
- 임상 : 고혈압인 사람은 혈압을 내려주고, 저혈압인 사람은 혈압을 올려주어 혈압 조절작용

7. 콜레스테롤 저하작용

- 종류 : 영지-ganoderic acid와 그 유도체들, 표고버섯- eritadenine (lentinacin)
- 작용 : 흰쥐에 투여시 혈액내의 콜레스테롤과 중성지질을 저하시키는 것이 확인됨

8. 항돌연변이성

- 종류 : 잎새버섯, 표고버섯, 영지버섯, 신령버섯 및 능이버섯 즉, DNA 손상방지능이 높아 세포가 암화되는 것을 억제시켜주는 능력

※ 발암물질의 85%가 돌연변이원이고, 비발암성 물질의 10%이하가 돌연변이원으로 작용하고 있어 발암과 돌연변이원간에 높은 상관관계가 있다.

9. 항바이러스 작용

- 종류 : 표고버섯자실체, 배양균사체 유래 다당류 β -glucan, 구름버섯, 영지버섯 유래 다당류
- 작용 : influenza virus나 AIDS virus(HIV)에 유효하다고 보고함

느타리버섯

팽이버섯

표고버섯

송이버섯

양송이버섯

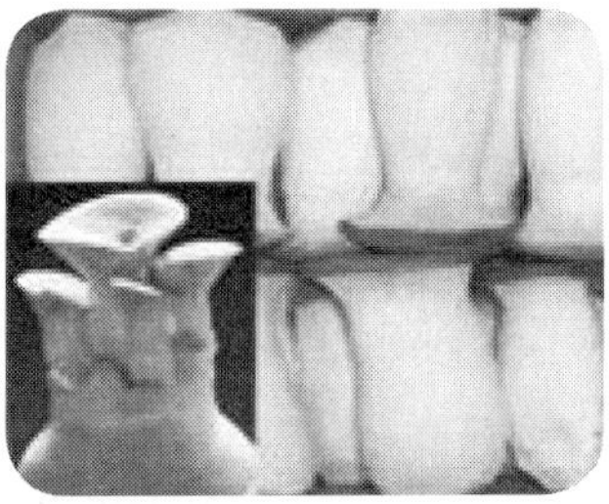
새송이버섯

영지버섯

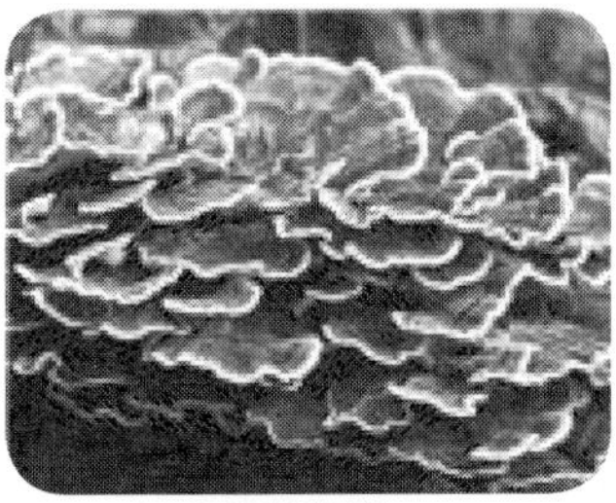
구름버섯

동충하초

상황버섯

아가리쿠스

노루궁뎅이버섯

광대버섯

마귀광대버섯

붉은사슴뿔/노란다발

7-4 주요 식용 및 약용 버섯

1. 송이버섯(*Tricoloma matsutake*)

(1) 생리활성 성분

- 향기성분 : Methyl cinnamate, methyl ester, matsutakeol
- 다당류 : Polysaccharide, β-glucan
- 향기성분 : Octenol
- 비타민 : Vit B_1, B_2, B_{12}, niacin

(2) 생리활성 작용

- 항암작용 : Polysaccharide, β-glucan
- 콜레스테롤 저하작용 : Gualylic acid
- 면역증강작용 : Polysaccharide, β-glucan
- 구루병 예방 및 빈혈치료작용: Ergosterol
- 당뇨병, 심장병, 동맥경화, 고혈압개선 작용: Polysaccharide
- 소화촉진 : Protease

(3) 독성 및 부작용

송이버섯은 특별한 독성과 부작용은 없는 것으로 알려졌다

(4) 동의보감에서의 송이버섯

- 무독하여 맛이 달고 향이 짙다.
- 나무에서 나는 버섯 중 으뜸이다.
- 위의 기능을 돕고, 식욕을 증진시키며, 설사를 멎게 하고 기를 더하여 준다.

2. 표고버섯(*Lentinus edodes*)

(1) 생리활성 성분

① 다당류 : Lentinan, lignin

② 스테롤 : Ergosterol, fugisterol

③ 맛성분 : 5'-guanylic acid(GMP), trehalose, mannitol

④ 향기성분 : Lentionin(표고향), matsutkeol(송이향)

⑤ 비타민 : Vit B_1, B_2, B_{12}, nicotinic acid

⑥ 기타 : Eritadenine

⑦ 효소류 : Amylase, glucoamylae

(2) 생리활성 작용

① 항암작용: Lentinan, β-glucan, RNA

② 콜레스테롤 저하작용: Eritadenine

③ 면역증강작용: Lentinan, β-glucan

④ 구루병 예방 및 빈혈치료작용: Ergosterol

⑤ 당뇨병, 비만증, 동맥경화, 고혈압개선 작용: Polysaccharide

(3) 독성 및 부작용

표고버섯은 특별한 독성과 부작용은 없는 것으로 알려졌다.

3. 느타리버섯(*Pleurotus ostreatus*)

(1) 생리활성 성분

- 다당류 : Polysaccharide(β-glucan)

(2) 생리활성 작용

① 항종양 및 적혈구 용혈작용, 항바이러스 작용 : Polysaccharide(β-glucan)

② 요통치료, 손발마비

③ 저혈압 및 알레르기 반응 억제

4. 팽이버섯(*Flammulina vlutipes*)

(1) 생리활성 성분

① 다당류 : Polysaccharide, Flammulin(β-glucan)

② 저분자 : Flammutoxin, Enikipodins C 및 D(균사체)

(2) 생리활성 작용

① 항종양 작용 : Polysaccharide

② 면역증강작용 : Polysaccharide

③ 항바이러스

④ 콜레스테롤 저하작용(고혈압방지), 피부미용

5. 노루궁뎅이버섯(*Hericium erinaceum*)

(1) 생리활성 성분

① 탄수화물. 단백질. 아미노산. 비타민, 무기염류, 효소 등이 풍부

② 지방분과 열량이 적어 다이어트식품에 적합

③ 성분 : Hericenone A, B, C 및 D, Erinacines A, B, C, D, E, F 및 G, Erinacine P

(2) 생리활성 작용

① 항균활성

② 신경증식인자 자극작용: Erinacines A, B, C, D, E, F 및 G(균사체)

③ 위궤양치료효과

6. 영지버섯(*Ganoderma lucidum*)

(1) 생리활성 성분

① Triterpenoid 류 : Ganoderic acid, lucidenic acid

② Polysaccharide: Heteropolysaccharide, proteoglycan, β-glucan

③ 핵산성분

④ 무기성분 : Ge 등

⑤ Ergosterol, mannitol

(2) 생리활성 작용

① 고미작용 : Ganoderic acid A, B, C, D

② 혈압조절작용 : Ganoderal A, ganoderol A, B

③ Histamine 유리 억제작용 : Ganoderic acid C, D

④ 간기능보호 작용 : Heteropolysaccharide, ganoderic acid R, S, T, U, V, W, Y

⑤ 항염증작용 : β-glucan G-A

⑥ 콜레스테롤 저하작용 : Ganoderic acid B, ganoderan

⑦ 면역증강작용 : Heteropolysaccharide, ganoderan

⑧ 혈당저하작용 : Ganoderan A, B, heteropolysacchride

⑨ 진통작용 : Adenosine

⑩ 항암작용 : Heteropolysaccharide, proteoglycan, β -glucan

(3) 독성 및 부작용

쥐에 의한 독성시험시 영지 추출물은 16.7g/kg이고, 다당류로는 3.3g/kg을 연속 30일간 연속 경구투여시에 사망은 무론, 병리학적 증상 및 혈액학적 이상이 없는 것으로 밝혀졌다. 복강내 투여시 LD_{50}은 19.2g/kg이다. 영지와 형태, 색깔, 크기 등이 흡사하여 영지로 오인되기 쉬운 유독 야생버섯이 많으므로 식용 및 약용시 주의해야 한다.

7. 목질진흙버섯(*Phellinus linteus*)

(1) 생리활성 성분

① 다당류 : Polysaccharide, Protein-bounded polysacchride, Mesima-Ex(균사체)

② 단백질, 각종 무기염

(2) 생리활성 작용

① 면역증강작용 : Polysaccharide, protein-bounded polysacchride

② 항암작용 : 소화기암(위암, 식도암, 십이지장암, 결장암, 직장암), 간암

③ 자궁출혈 및 대하, 월경불순, 장출혈, 오장 및 위기능 활성화, 해독작용

④ 항산화효과 및 지질과산화 억제효과 : Polysaccharide

⑤ 항돌연변이효과 : Polysaccharide

(3) 독성 및 부작용

특별한 독성과 부작용은 없으나 추출한 성분을 섭취시 때로는 구역, 구토, 식욕부진, 설사 또는 위복부 불쾌감이 나타난다.

8. 구름버섯(*Coriolus versicolor*)

(1) 생리활성 성분

① 다당류 : Protein-bounded polysacchride, krestin(균사 배양액), coriolan

② 단백질, 각종 무기염

(2) 생리활성 작용

① 면역증강작용 : Krestin, coriolan, protein-bounded polysacchride

② 항암작용 : 소화기암(위암, 식도암, 결장암, 직장암), 폐암, 유방암

③ 만성간염 치료작용 : Polysaccharide

④ 인플루엔자 바이러스의 감염예방작용 : Polysaccharide

⑤ 당뇨병, 심장병 : Polysaccharide

⑥ 동맥경화, 고혈압개선 작용 : Polysaccharide

(3) 독성 및 부작용

송이버섯은 특별한 독성과 부작용은 없으나 때로는 악심, 구토, 설사, 피부 발진이 나타난다.

9. 동충하초(*Cordyceps* sp.)

(1) 생리활성 성분

① Cordycepin, 3'-deoxy-adenosine, SOD

② 다당류 : Polysaccharide

③ 맛성분 : Mannitol

④ Sterol : Ergosterol

⑤ 비타민 : Vit B12

⑥ 무기원소 : Se 등

(2) 생리활성 작용

① 면역증강작용 : Heteropolysacchride

② 항암작용 : 소화기암

③ 피로회복 촉진작용

④ 당뇨병 개선 작용

⑤ 간기능 개선 작용

⑥ 자양 강장 기능

⑦ 마약 중독 해독 기능

⑧ 항암작용: 소화기암(위암, 식도암, 결장암, 직장암), 폐암, 유방암

⑨ 만성간염 치료작용 : Polysaccharide

⑩ 인플루에자바이러스의 감염예방작용 : Polysaccharide

⑪ 당뇨병, 심장병, 동맥경화, 고혈압개선 작용 : Polysaccharide

10. 신령버섯(*Agaricus blazei*)

(1) 생리활성 성분

① 생버섯 : 수분 89-91%, 조회분 0.7, 조단백질 5.8, 조지방 0.5, 조섬유 0.8, 당질 5.6, 에르고스테롤 0.02

② 건버섯 : 조회분 5.5, 조단백질 43.2, 조지방 3.7, 조섬유 6.0, 당질 41.6, 에르고스테롤 0.14

③ Agaric acid, ABL(렉틴)

④ 다당류 : Heteropolysaccharide, β-glucan

⑤ 맛성분 : Mannitol, trehalose

⑥ Sterol : Ergosterol

⑦ 비타민 : Vit B_1, B_2, niacin

⑧ 기타 : 불포화지방산

⑨ 미네랄 : 칼륨, 인, 나트륨, 칼슘, 철분

(2) 생리활성 작용

① 면역증강작용 : Heteropolysacchride, β-glucan

② 항암작용 : Heterpolysacchride, β-glucan, RNA, α-glucan, steroid류, ABL(렉틴)

③ 콜레스테롤 저하작용 : 불포화지방산(linoleic acid)

④ 항돌연변이원성 : Linoleic acid

11. 꽃송이버섯(*Sparassis crispa*)

(1) 생리활성 성분

- 건조버섯 : 수분 8.8%, 회분 3.1%, 섬유질 6.3%, 지질 0.8%, 단백질 6.9%, 당질 74.1%(β-glucan 43.6%)

(2) 생리활성 작용

① 면역증강작용 : Polysaccharide, β-glucan

② 항암작용 : Polysaccharide, β-glucan

12. 복령(*Poria cocos*)

(1) 생리활성 성분

① 다당류 : Pachyman

② 저분자 : Pachymic acid, dehydropachymic acid, pinocolic acid, tumulosic acid, eburicoic acid, tetrametenolic acid.

(2) 생리활성 작용

① 항암효과 : Polysaccharide(β-glucan)

② 심신의 보양 및 안정, 이뇨증진, 정신안정

③ 건망증, 불면증, 만성위염, 신체허약

④ 항염증효과 : 저분자 물질

※ 버섯 음료 복용방법

(성인의 1일 복용량은 버섯으로 3g 내외이다.)

① 영지버섯(또는 약용버섯) 7일분(약 21g)을 용기(주전자)에 넣은 다음 물 1000mℓ 정도 넣는다.

② 이것을 중간 불(가스레인지)로 약 50분 정도 달인다.

③ 물의 양이 반으로 줄어들면 저장 용기에 액을 따로 모으고, 다시 물 1000mℓ를 넣고 같은 방법으로 재탕을 실시하여(3탕까지 가능), 초탕액, 재탕액과 3탕액은 섞어서 냉장고에 보관한다.

④ 보관그릇은 유리병 또는 세라믹병을 사용한다.

⑤ 1일복용량은 약 200mℓ로 1일 3회(1회용 커피잔= 100ml)에 나누어 분복한다.(식전 또는 식후 2시간 후)

⑥ 상기와 동일한 방법으로 1주일 분량씩 나누어 달여서 복용한다.

7-5 버섯의 중독

- 버섯에 의한 식중독 : 우리나라 버섯 수확기인 가을철에 주로 발생
- 버섯독의 60-70%는 삿갓외대버섯, 화경버섯, 담갈색송이
- 맹독버섯 : 독우산광대버섯, 알광대버섯, 흰알광대버섯
- 현재까지 국내에서는 약 1,100종의 버섯이 분류되었고, 이중 독버섯이 약 8.7% 차지
- 버섯 중독 유형 : 위장형 중독, 신경독, 세포파괴

  ① 위장형- 구토, 복통, 설사, 복통 및 위장염
  예) 화경버섯 등

  ② 신경독 : 의식상해, 환각작용, 근육경직, 신경이상 등의 작용
  예) 광대버섯

1. 독소의 종류

(1) Antabuse(coprine)

- 두엄먹물버섯과 비늘버섯부치를 먹고 술을 마시면 악취증상이 나타남
- 알콜대사계에 관여하는 효소인 aldehyde dehydrogenase의 활성을 저해하여 acetaldehyde의 농도가 높아짐.

(2) Tricholomic acid

- 독송이로부터 생성, 악취독

(3) Ibotenic acid

- 광대버섯류인 A. strobiliormis, 살비성분, 악취독, 지미성분

(4) Psilocybin

- 환각버섯류, 환각작용

(5) Amatoxin

- 광대버섯, 알광대버섯, 흰알광대버섯, 갓버섯 등에서 생성, 가장 치명적인 독소, 95% 이상 치사, 위장, 신장, 간 세포 파괴

(6) Phallotoxin

- 광대버섯류, 끓여도 파괴 않됨. 간세포 파괴, 용혈현상

2. 독버섯에 대한 오해들

① 독버섯은 세로로 찢어지지 않는다.
　예외) 독우산광대버섯, 삿갓외대버섯은 세로로도 잘 찢어짐

② 순수한 색깔의 것은 먹을 수 있고, 화려한 색은 독이 있다.
　예외) 달걀버섯, 소혀버섯은 화려하나 식용이다.
　· 독우산, 흰알광대버섯, 삿갓외대버섯은 순수한 색이나 맹독성
　· 색을 결정 짖는 benzoquinone과 카로테이드는 독성과 무관

③ 가지와 함께 익히면 독이 없어진다.
과학적인 근거는 없다.

④ 은수저가 버섯에 닿아 색깔이 검게 변하면 독버섯이다.
일반버섯도 유황을 함유한 경우는 검게 변한다.

⑤ 뜨거운 물로 삶으면 독이 없어진다.
대부분의 버섯독소는 열처리하여도 파괴되지 않음

⑥ 소금절이하면 독이 없어진다.
과학적 근거가 없다.

3. 독버섯의 구분

① 냄새가 이상하거나 맛이 쓰거나 맵고 자극성이 있는 것
　예) 냄새무당버섯

② 곤충이나 동물이 먹은 흔적이 있는 것
　예) 나팔버섯

③ 음습지에서 발생하는 버섯
　예) 양지성보다 독버섯이 많다

4. 응급처치 요령

① 소금을 먹여 토해낸 후(위세척), 병원 치료

② 비타민 C와 항생제 투여, 으깬 당근을 먹게함

③ ATP, 니코틴산 투여

표 7-1. 식용버섯의 일반성분

(수분 이외는 건조 중량에 대한 % 함량)

성분 / 버섯	수분	조단백	조지방	당질	조섬유	회분
느타리	95.3	19.5	3.8	65.6	6.2	4.9
표고	90.0	17.5	8.0	67.5	8.0	7.0
팽이	88.5	31.2	5.8	52.1	3.3	7.6
양송이	90.6	47.4	3.3	31.5	9.4	8.4
송이	89.9	20.1	5.0	59.8	7.4	7.6
만가닥	92.3	26.7	7.0	46.1	10.5	9.8
신령	86.6	43.2	3.7	41.6	6.0	5.5

표 7-2. 식용버섯의 유리당 및 당알코올 함량

(g／100g 건물)

성분 / 버섯	Glycerol	Arabitol	Mannitol	Glucose	Trehalose	전당	당알코올
느타리	0.4	-	4.9	0.6	8.1	8.7	5.3
표고	-	1.9	5.4	-	4.6	-	7.4
팽이	4.7	13.9	0.6	0.2	1.2	1.4	19.4
양송이	0.1	-	10.2	0.1	0.5	0.6	10.3
송이	0.3	-	7.4	0.3	2.1	2.4	7.7
만가닥	0.1	-	0.1	0.1	10.5	10.6	0.2
신령	-	-	0.4	-	14.9	-	-

*(Mizuno, 1993)

표 7-3. 식용버섯의 유리아미노산 조성

(μmol／100mg 건물)

성분 / 버섯	Asp	Thr	Ser	Glu	Pro	Gly	Ala	Val	Cys	Met	Ile	Leu	Tyr	Phe	His	Lys	Arg
느타리	3.3	2.9	2.1	3.6	1.6	3.8	3.1	1.6	-	1.1	1.3	-	1.1	0.8	2.8	0.5	3.1
표고	10.4	6.8	5.7	14.6	1.9	5.3	6.9	2.5	1.5	0.1	1.0	2.2	0.6	1.9	-	5.4	4.7
팽이	3.8	17.3	14.5	36.8	13.4	21.0	87.0	20.1	-	0.3	13.1	20.8	10.5	12.1	15.2	29.0	14.0
양송이	3.0	3.5	3.0	7.8	6.7	3.2	6.7	1.5	1.0	0.9	0.8	1.4	1.1	1.4	3.2	1.7	-
송이	12.0	8.0	13.2	65.0	8.5	5.9	17.3	3.6	0.8	0.1	2.1	4.8	3.5	5.8	-	9.0	15.0
만가닥	22.1	12.6	15.7	8.5	5.9	10.9	35.8	5.0	-	0.2	2.3	4.1	3.4	5.5	-	6.0	12.4
신령	2.5	3.2	2.9	4.6	4.2	6.9	4.0	1.9	-	0.9	-	1.2	1.1	1.2	3.6	1.3	9.3

*(Mizuno, 1993)

표 7-4. 식용버섯의 지방 함량 및 지방산 조성

(mg／100g 건물)

성 분 / 버 섯	Ergosterol (mg/100g 건물)	총지질 (g/100g 건물)	지방산조성 (%/전지방산)							
			14:0	14:1	16:0	16:1	18:0	18:1	18:2	18:3
느타리					10.8		1.6	10.2	74.6	
표고	325	3.38	0.1	1.6	14.7	-	0.9	3.0	72.8	-
팽이	272	6.91	0.4	-	12.3	-	1.4	2.9	46.3	27.9
양송이					13.5		3.7	0.9	76.7	1.6
송이	521	4.17	-	0.9	7.1	0.8	6.6	7.4	66.9	-
만가닥	486	6.19	0.1	0.3	12.4	-	-	9.3	67.5	-
신령	140				12.4		3.1	0.7	75.9	1.1

*(Mizuno, 1993)

표 7-5. 식용버섯의 무기질 비타민 성분

버 섯	회 분	무기질(mg%)					비타민(mg%)		
		Ca	P	Fe	Na	K	B_1	B_2	Niacin
느타리	8.3	11	104	7	21	3,543	4.2	4.2	111.5
표고	4.7	13	302	5	21	2,352	0.6	1.9	20.2
팽이	7.8	10	78	9	39	849	3.0	2.1	78.6
송이	7.8	51	342	11	17	3,506	0.9	4.3	68.4
만가닥	9.3	27	1,000	15	120	4,000	1.1	6.7	120.0
신령	6.6	10.4	49.7	0.4	12	2,970	0.3	3.2	49.2

*(Mizuno, 1993)

표 7-6. 식용버섯의 유기산 함량

(mg／100g 건물)

버 섯	Form	Acet	Lact	Oxal	Suc	Furm	Mal	α-KG	Pyro	Cit
느타리	5	15	11	24	106	548	2,868	12	1,512	203
표고	54	-	152	29	-	121	44	-	-	31
팽이	2	6	157	113	619	41	1,815	113	375	105
양송이	16	4	-	96	322	496	2,252	24	1,146	116
송이	4	8	-	22	140	1,197	1,627	5	267	24
만가닥	9	16	24	40	206	724	2,864	125	382	1,004
신령	63	95	295	30	-	826	72	-	69	39

*(Mizuno, 1993)

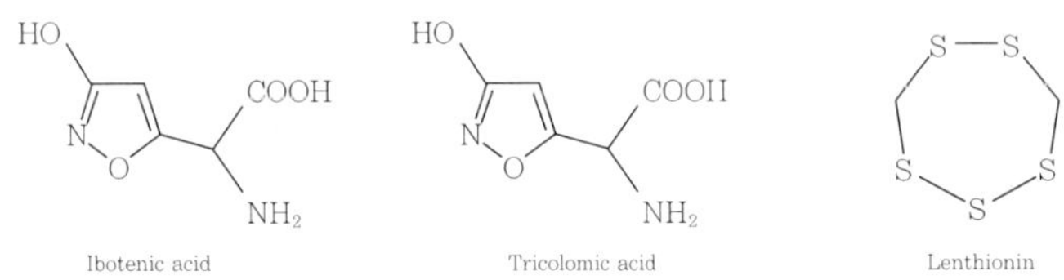

[그림 7-1] 버섯류에 함유된 향기성분

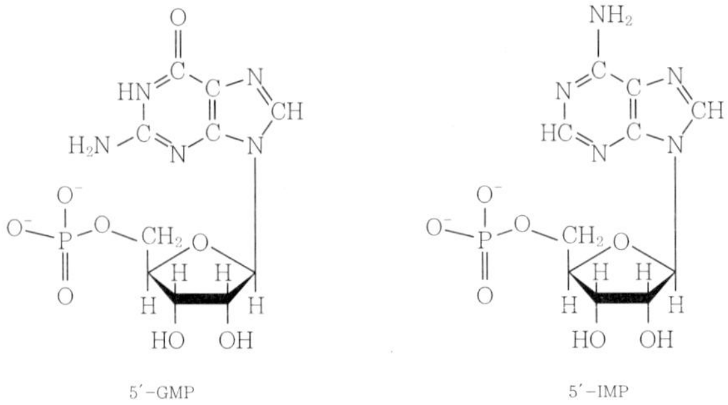

[그림 7-2] 버섯류에 함유된 정미 성분

표 7-7. 버섯의 약효성분

약 효	성 분	버 섯 명
항균작용	Coriolin, glifolin, illudin	각종버섯, 잎새버섯, 구름버섯
항바이러스작용	β-glucan, 단백질	표고버섯, 잔나비걸상버섯
강심작용	Volvatotoxin, Fulammatoxin	풀버섯, 팽이버섯
콜레스테롤저하작용	Eritadenin	표고버섯
혈당강하작용	Gnoderan, peptidoglycan	영지버섯

혈압강하작용	당단백질	영지버섯, 잎새버섯
항혈전작용	Lentinacin, 5'-AMP, 5'-GMP	표고, 영지, 잎새, 양송이
간기능개선작용	β-glucan, heteroglycan	구름버섯, 영지버섯
항종양작용	β-glucan, heteroglycan	각종 버섯, 영지, 신령버섯
면역증강작용	Polysaccharide, β-glucan, heteroglycan	각종 버섯, 상황, 동충하초

*(Mizuno, 1994)

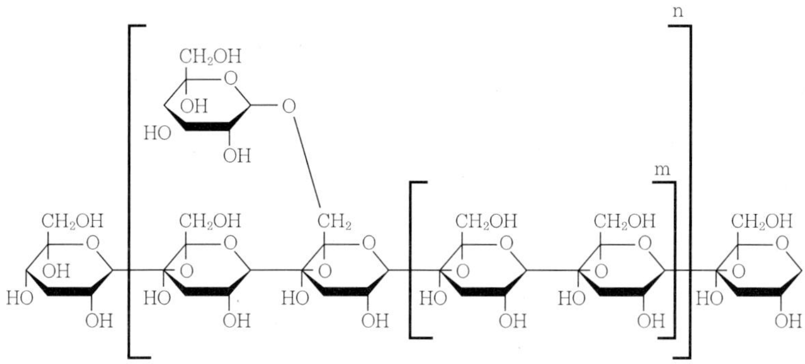

[그림 7-3] 항종양 활성을 갖는 β-1,6-branched-β-1,3 다당류 구조

표 7-8. 항암활성을 갖는 버섯의 종류

학 명	한국명	구 조	적응증
Phellinus linteus	목질진흙버섯	Acidic heteropolysacchride	위암
Lentinus edodes	표고버섯	β-1,6-branched β-1,3 glucan	위암
Coriolus lentinus	구름버섯	β-1,6-branched β-1,4, β -1,3 glucan-protein	위암, 폐암
Schizophyllum commune	치마버섯	β-1,6-branched β-1,3 glucan	자궁암
Poria coccus	복령	β-1,3 linear glucan	육종암
Ganoderma lucidum	영지버섯	Hetero β-glucan	소화기암
Agaricus blazei	신령버섯	Hetero β-glucan	육종암
Auricularia auricula	목이버섯	Hetero β-glucan	육종암
Grifola frondosa	잎새버섯	β-glucan	육종암
Pleurotus ostreatus	느타리버섯	β-glucan	육종암
Ganoderma applanatum	잔나비걸상버섯	Hetero β-glucan	육종암
Flammulina velutipes	팽이버섯	β-1,6-branched β -1,3 glucan	육종암
Fuscoporia obliqua	차가버섯	열수추출물	육종암

표 7-9. 독버섯의 독소 및 유형

장애구분	독소	독버섯	비고
위장장애	Lampterol	화경버섯(Lampteromyces japonicus)	
	Gyromitrin	귀곰보버섯(Gyromitra esculenta)	
신경계	Coprine	두엄먹물버섯(Coprinus atramentarius)	
		먹물버섯(Coprinus comatus)	
		비늘버섯(Pholiota squarrosa)	
		덕다리버섯(Laetiporus sulphureus)	
	Ibotenic acid	광대버섯(Amanita muscaria)	
		잿빛광대버섯(Amanita griseofarinosa)	
		마귀광대버섯(Amanita pantherina)	
		턱받이광대버섯(Amanita spreta)	
		고동색우산버섯(Amanita vaginata)	
		독송이(Tricholoma muscarium)	
	Muscarine	광대버섯(Amanita muscaria)	살비
		마귀광대버섯(Amanita pantherina)	
	Psilocybin	환각버섯속(Psilocybin)	
세포파괴	Amatoxin	광대버섯(Amanita muscaria)	
		알광대버섯((Amanita phalloides)	
		흰알광대버섯((Amanita verna)	
		갓버섯(Lepiota)	
		종버섯(Conocybe)	
	Phallotoxin	광대버섯(Amanita muscaria)	

8장 식육류

8-1 총 설

고기의 구성성분은 약 2/3 이상이 수분이고 나머지는 거의 단백질이다. 그리고 고기는 수분과 단백질 이외에 지방, 탄수화물, 비타민 및 미네랄 등의 영양성분을 소량으로 함유하고 있다. 이러한 고기의 구성성분은 가축의 종류, 성별, 연령, 사양조건, 영양상태, 건강상태 등에 따라 차이가 있으며, 같은 도체 내에서도 부위에 따라 많은 차이가 있다. 특히 지방의 함량은 조건에 따라 그 변화가 폭이 매우 큰 특성을 보인다.

(1) 식육류 : 식품으로 이용할 수 있는 동물의 조직

- 가축류 : 쇠고기, 돼지고기, 양고기(가장 많이 소비되는 것)
- 가금류 : 닭, 칠면조, 오리, 거위
- 야생동물의 육류 : 사냥 등에 의해서 얻어지는 야생동물의 육류도 이용

(2) 우리나라 식육의 수급현황(2002년)

식품명	국내 생산 (M/T)	수 입 (M/T)	수 출 (M/T)	1인당 연간 공급량 (kg/year)
쇠고기	214.1	222.8	-	8.31
돼지고기	714.4	95.9	16.2	15.90
닭	261.5	67.5	1.7	4.91

(3) 우리가 이용할 수 있는 식육은 몇 단계 가공 거침

도살 → 도체(정육/머리/내장) → 도체를 용도에 따라 세분화(간편하게 절단) → 이용

(4) 도체의 등급을 결정하는 기준

부위나 육질에 따라 품질검사 거쳐 등급 구분

① 소 : 외형, 성숙도, 육질에 따라 등급 구분

- 미경산우 및 거세우의 고기가 품질 좋다.
- 육질은 상강도에 의해 결정(상강도, marbling : 근육 내에 지방 분포)

② 돼지고기 : 70% 이상 가공용,

- 가공을 기준으로 하여 등급 결정
- 살코기의 양이 많고 일정량의 지방함유 된 것이 좋다.

③ 닭 : 체형, 착육도, 지방침착, 털이 뽑힌 상태, 피부손상, 뼈의 손상, 변색 등

8-2 식육의 성상

식육의 구성 : 근육, 각종결체조직, 표피와 신경조직

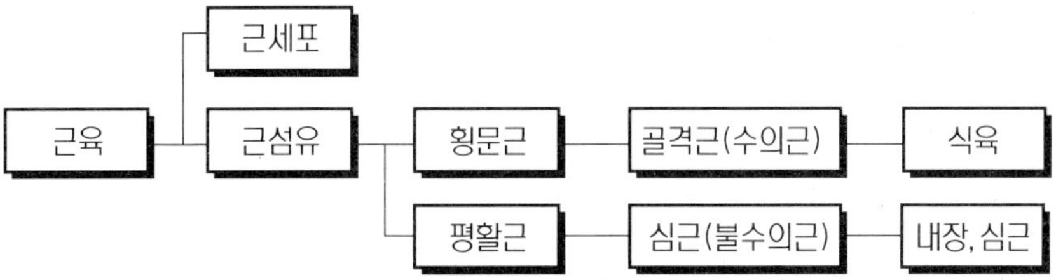

(1) 골격근 (뼈에 부착되어 있는 것. 섬유상세포)

① 근 초 : 근섬유를 둘러싼 막, 단백질과 지방 구성, 비교적 탄력이 있다.

② 근 장 : 근섬유의 세포질, 세포내의 교질물질이 분산

- 물(75-80%), 지방, 글리코겐, 단백질 기타 무기질 성분(에너지원) 해당 효소 등 여러 효소가 들어있다.

③ 근원섬유 : 가늘고 긴 원통형섬유(지름 1~2㎛), 근섬유의 장축 평행

- 초원섬유 : myofilament(굵은섬유), actinfilament(가는섬유)

④ 내막조직 : 세관이 막을 형성하고 각 근원섬유 주의의 망상구조를 이룬다.

- T-tubule은 근초와 연결, 세포내 들어있다, 막은 근섬유의 칼슘이온의 저장장소

(2) 평활근

내장과 혈관에 구성(혈관벽, 임파관, 소화기내장, 생식기관벽)

(3) 심근

- 심장에만 존재, 수축, 이완을 되풀이하는 특성
- 심근층 : 심장의 수축층(대부분 심근으로 구성)

(4) 결체조직

① 몸 전체에 분포되어 각 종 기관을 연결시켜주는 역할

② 섬유상 결체조직을 이루는 물질 : 가용성 당 단백질을 가지는 점성용액

③ collagen, elastin, reticulin 등

(5) 지방조직

① 피하, 기관의 주위, 복강 등에 침착

② 체지방 - 백색(대부분차지)

- 황색(세포 내에 cytochrome의 함량에 기인)

8-3 식육의 성분

식육의 성분은 모든 동물이 공통적으로 수분, 단백질, 지질 및 무기물 등으로 구성되었고, 당질은 소량을 함유하고 있으나 생리적으로 중요한 역할을 한다. 일반적으로는 75%가 수분이고 , 25%는 고형질(4/5 단백질, 지방, 무기질, 비타민)로 구성되어 있다.

1) 단백질

(1) 근원섬유단백질 : 근원섬유을 구성

① 근수축에 관계하는 수축단백질 - myosin, actin

② 직간접으로 조절하는 조절단백질 - tropomyosin, troponin, α-actinin, β-actinin

(2) 근장 단백질

① 물이나 묽은 염류에 추출하는 수용성 단백질

② 색소단백질 : myoglobin, cytochrome

(3) 육기질 단백질

① 근육의 약 10% 차지, 근초, 모세혈관벽, 결합조직 등 들어있다.

② collagan : 백색의 섬유상단백질, 진피, 연골, 인대

③ elastin : 탄성섬유를 구성하는 단백질, 늙은 동물이나 운동량이 많은 근육에 많다.

④ reticulin : 콜라겐과 유사한 성질, 근세포의 주위와 혈관벽에 존재

(4) 아미노산조성

영양적으로 우수, glutiamic acid, leucine, arginine, lysine, proline, aspartic acid 등

2) 지방질

① 함량변동이 크고, 그 조성도 동물의 종류, 나이, 영양조건, 도체부위에 따라 다름

② 존재 : 피하, 근육간, 신장주위, 망막

③ 축적지방 : 중성지방질

④ 조직지방 : cholesterol, 인지질, 당지질 함량이 많다.

3) 탄수화물

① 소량존재 : 간장, 근육에 존재

② 글리코겐 가장 많다.

4) 무기질

K, S, P 가 많고 Ca은 적다

5) 비타민 (비타민 B군 풍부한 편)

6) 색 소

myoglobin(육색소, 80−90%), hemoglobin(혈색소, 10~20%)

7) 용출물

고기의 풍미를 주는 물질 : inosinic acid, creatin, succinic acid, glutamic acid

표 8-1. 종류 별 식육의 성분

(가식부위 100g 당)

성분	닭고기	돼지고기	소고기	양고기	오리고기	칠면조고기
수분(%)	73.5	72.4	75.8	74.4	54.3	72.9
단백질(g)	20.7	20.7	22.8	16.4	16.0	19.6
지질(g)	4.8	4.6	3.7	8.0	28.6	6.5
당질(g)	−	0.2	−	−	0.1	0.1
무기질(g)	1.3	1.1	1.0	1.2	1.0	0.9
칼슘(mg)	4.0	4.0	19	7	15	8
인(mg)	302	218	142	210	85	140
철(mg)	−	3.0	4.8	2.0	1.8	1.1
총비타민(IU)	40	10	15	−	500	−
티아민(mg)	0.09	0.95	0.12	0.15	0.22	0.07
리보플라빈(mg)	0.15	0.11	0.63	0.20	0.30	0.24
니아신(mg)	5.0	5.0	16.3	5.0	3.5	7.0
아스코빈산(mg)	−	−	−	−	2	2

8-4 식육의 사후변화

동물이 도살된 후에는 효소의 작용, 이화학적 요인, 미생물의 작용에 의해 육질이 변화(도살 → 사후경직 → 자기소화 → 부패)

1) 사후경직

① 도살 후 산소공급이 차단되어 근육 내에서 혐기적 효소작용에 의해 경직이 일어남

ⓐ 비가역적인 actomyosin 으로 수축

ⓑ ATP 감소

ⓒ 젖산축적- pH 저하(glycogen- lactic acid)

② 사후경직에 도달하는 시간(경직 개시)

ⓐ 쇠고기, 양고기(2~8 시간)

ⓑ 돼지고기(30분~2시간)

ⓒ 닭(1시간)

2) 자기소화

① 근육 내에 존재하는 단백질 분해 효소에 의해 자기소화가 일어남 (cathepsin, β-glucuronidase)

② 근원섬유단백질과 결체단백질 일부 분해되고 연화되어 가용성단백질로 분해

③ peptide, peptone, amino acid. : 맛과 풍미가 좋아진다.

④ 숙성 : 인위적으로 변화를 진행

※ 쇠고기 숙성시간 : 0℃에서는 10일, 10℃에서는 4일, 21℃에서는 2일간, 습도는 85~90%로 조절

※ 닭고기 숙성시간 : 5시간, 돼지고기: 지방의 산패 때문에 숙성시키지 않음.

3) 색의 변화

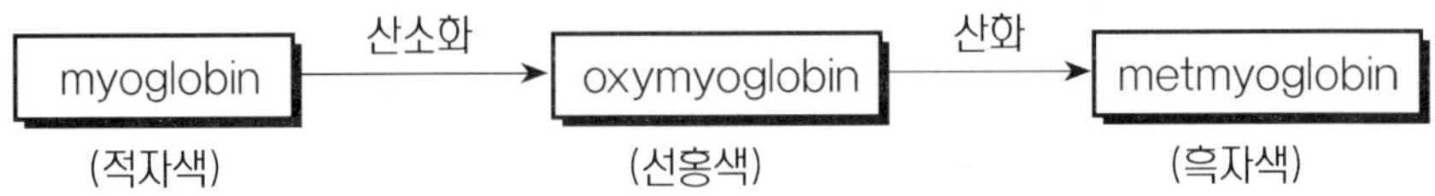

4) 부패

① 미생물 작용에 의해 부패, 육색도 변화

② 부패취 물질 : 아민, 암모니아, methane, mercaptane, indol, skatole 등

8-5 가공품

1) 햄, 소시지

돼지고기를 염지, 훈제하여 저장성과 풍미를 갖게 한 것

(1) 원료

① 햄 : 돼지 뒷다리

② 소시지 : 암퇘지 고기(saw)에 sage(향신약초)를 첨가하여 만듬

(2) 염지

고기 표면에 염지제를 발라 1-2일 방치

(3) 훈연

① 염지 후 고기를 냉수로 소금기를 빼고 모양을 고르게 함

② 수지가 적은 나무 이용 : 도토리나무, 참나무, 떡갈나무 등

③ 효과 : 건조, 풍미, 색깔, 연화, 지방에 대한 항산화 효과 등

(4) 햄의 종류

① 레귤라햄(허벅다리살을 뼈가 붙은 채로 가공)

② 본레스햄(뼈를 빼고 살코기만 갈아서 만든 것)

③ 로스트햄(어깨살과 이어지는 중앙부분과 그 밖의 살코기를 잘게 갈아 만든 것)

④ 숄더햄(어깨살로 만든 것)

⑤ 프레스햄(햄이나 베이컨을 만들고 남은 조각이나 그 외의 식육을 잘게 잘라서 혼합 압착)

2) 베이컨

① 원료 : 지방이 많은 복부 고기

② 염지 후 Bacon pin에 꽂아 33-38℃로 10시간 훈연 후 절단하여 포장

8-6 쇠고기의 부위별 특징

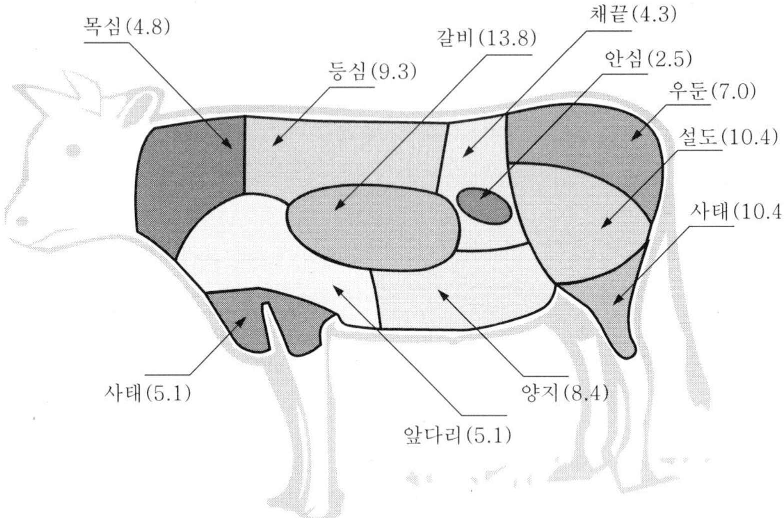

로스구이 · 스테이크 : 안심, 등심, 채끝
국거리 : 양지 , 사태
불고기 : 우둔, 설도
갈비구이 : 목심, 앞다리, 갈비

1) 목심

(1) 목심살

① 특징 : 근육결이 굵고 약간 단단하고 지방이 적다. 목뼈 위 부분(1/3)은 비교적 부드러움, 불고기 나머지 부분은 국거리로 이용한다.

② 육질 : 중

③ 용도 : 불고기, 국거리

(2) 제비추리살

① 특징 : 비 운동근(단일근육) 근육결이 섬세하고 부드럽다.

② 육질 : 상

③ 용도 : 구이용

(3) 멍에살

① 특징 : 목심의 맨 바깥쪽 근육 근육의 결이 거칠고 질기며 지방이 거의 없다.

② 육질 : 보통

③ 용도 : 국거리, 편육

2) 등심

(1) 등심

① 특징 : 결이 가늘고 풍미가 좋으며 매우 부드럽고, marbling이 좋아 보기에도 좋다.

② 육질 : 최상

③ 용도 : 스테이크용, 구이용, 전골

(2) 등심덧살

① 특징 : 등심의 맨 바깥쪽 부위 꽃등심과 근육셜 방향이 다르다.

② 육질 : 상

③ 용도 : 구이용, 불고기, 전골

(3) 등심날개살

① 특징 : 등심의 중간부위 marbling이 좋아 flavour가 좋고 근육결이 가늘고 부드럽다. 꽃등심살 근육결 방향이 다르다.

② 육질 : 상

③ 용도 : 구이용, 전골

3) 앞다리

(1) 앞다리

① 특징 : 전체적으로 운동근이 많이 뭉쳐있음. 지방이나 막이 많다.
육색이 짙다. 육질이 연한부위와 단단한 부위가 교차

② 육질 : 중

③ 용도 : 불고기

(2) 갈비덧살

① 육질 : 상

② 용도 : 육회, 징기스칸 요리

(3) 부채뼈덧살

① 육질 : 중

② 용도 : 구이용, 불고기

(4) 속앞다리살, 앞다리살

① 육질 : 중

② 용도 : 불고기

4) 갈비

(1) 고리마구리, 상마구리, 하마구리

① 특징 : 통갈비 상단 및 하단에 있는 부위 살코기가 적고 뼈가 많음, 갈비 생산시 제거

② 육질 : 보통

③ 용도 : 갈비탕

(2) 안창살

① 특징 : 색깔이 짙고 근육질이 굵은편 비교적 부드럽고 희소가치가 높다.

② 육질 : 상

③ 용도 : 구이용

(3) 갈비

① 특징 : 막이 많고 근육이 비교적 거칠고 단단한 부위 지방교잡이 있어 맛이 짙고 풍미가 있다.

② 육질 : 상

③ 용도 : 찜갈비, 불갈비, 양념갈비

5) 양지

(1) 차돌배기

① 특징 : 긴머리 양지 하단으로 단백질 지방조직

② 육질 : 상

③ 용도 : 구이용, 육회

(2) 긴머리양지, 양지면

① 특징 : 양지의 앞 부위, 근육결이 굵고 단단한 편 표면 및 근육사이에 다량의 지방과 함유

② 육질 : 보통

③ 용도 : 국거리, 편육, 장조림

(3) 업진살

① 특징 : 양지의 뒤쪽 부위 긴머리 양지나 양지면에 비해 얇음 지방과 살코기가 교차하고 있어 풍미가 진함

② 육질 : 보통

③ 용도 : 국거리

6) 채끝

(1) 채끝살

① 특징 : 별로 운동하지 않은 배최장근 지방이 적고 육질이 부드럽다.

② 육질 : 최상

③ 용도 : 스테이크용, 구이용, 전골

(2) 치맛살

① 특징 : 채 끝에 붙어있는 얇은 근육 육질이 조금 단단하고 근육결이 굵고 거침

② 육질 : 보통

③ 용도 : 국거리, 편육, 불고기

7) 안심

(1) 안심살, 토시살

① 특징 : 고기 결이 가늘고 지방이 적으며 매우 부드럽다. 노출 시 변

식이 빨라 취급시 주의해야 한다.

② 육질 : 최상

③ 용도 : 스테이크용, 구이용

8) 우둔

(1) 방심살(우둔)

① 특징 : 외측전면에 지방이 부착되어 있고 안쪽은 지방이 적다. 살코기가 많은 부위 근육 결이 섬세하고 부드럽고 맛이 있다.

② 육질 : 중

③ 용도 : 불고기, 산적, 육회, 육포

(2) 홍두깨살

① 특징 : 결이 거칠고 단단한 편이다. 고기모양이 상품화하기 쉽다.

② 육질 : 중

③ 용도 : 장조림

9) 설도

(1) 설깃살

① 특징 : 근육의 결이 거칠고 단단하다.

② 육질 : 중

③ 용도 : 산적, 편육, 불고기. 스테이크

(2) 도가니살

① 특징 : 설도부위중 비교적 근육의 결이 가늘고 부드럽다.

② 육질 : 중

③ 용도 : 육회, 불고기, 징기스칸요리

(3) 중치살

① 특징 : 채끝에 이어지는 부위 육색이 선명하고 지방과 살코기의 비율이 적당

② 육질 : 상

③ 용도 : 스테이크, 구이용, 전골

(4) 삼각살

① 특징 : 중치 살에 이어지는 삼각형 모양의 근육 살코기의 색깔이 짙고 부드러우며 맛이 좋다.

② 육질 : 중

③ 용도 : 구이용, 불고기, 전골

(5) 보섭살

① 특징 : 설깃살에 이어지는 보섭모양의 그육

② 육질 : 중

③ 용도 : 구이용, 불고기

10) 사태

(1) 아롱사태

① 특징 : 뒷다리 아킬레스근에 연결된 단일근육 육회나 구이 요리 시 특유의 쫄깃한 맛

② 육질 : 보통

③ 용도 : 육회, 구이용

(2) 뭉치사태, 뒷사태, 앞사태

① 특징 : 운동량이 많아 육색이 짙다. 약불로 오래 삶는 요리에 적합

② 육질 : 보통

③ 용도 : 찜, 국거리, 장조림, 편육

8-7 돼지고기의 부위별 특징

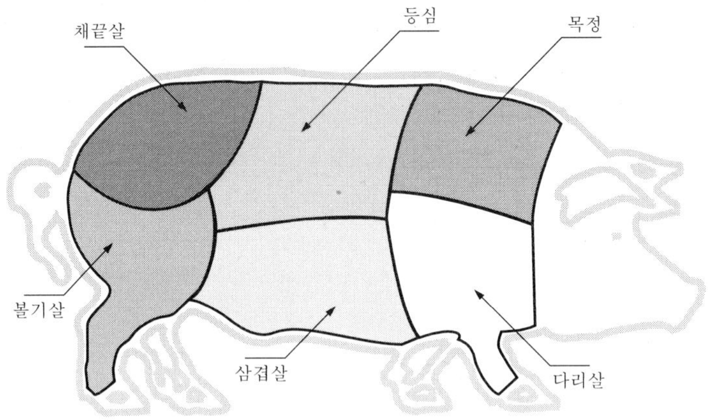

1) 목심

- 구이
- 특징 : 등에서 목쪽으로 이어지는 부위로서 여러 개의 근육이 모여 있다. 근육막 사이에 지방이 적당히 박혀 있어 풍미가 좋다.

2) 앞다리

- 불고기, 찌개, 수육(보쌈)
- 특징 : 어깨 부위의 고기로서 안쪽에 어깨뼈를 떼어낸 넓은 피막이 나타난다.

3) 갈비

- 바베큐, 불갈비, 갈비찜
- 특징 : 옆구리 늑골(갈비)의 첫번째부터 다섯번째 늑골 부위를 말한다. 근육내 지방이 잘 박혀 있어 풍미가 좋다.

4) 삼겹살

- 구이, 베이컨(가공용)
- 특징 : 갈비를 떼어낸 부분에서 복부까지의 넓고 납작한 모양의 부위, 근육과 지방이 삼겹의 막을 형성하며 풍미가 좋다.

5) 뒷다리

- 튀김, 불고기, 장조림
- 특징 : 볼기 부위의 고기로서 살집이 두터우며 지방이 적은 편이다.

6) 안심

- 탕수육, 구이, 소스
- 특징 : 허리부분 안쪽에 위치하며 안심 주변은 약간의 지방과 밑변의 근막이 형성되어 있고 육질이 부드럽고 연하다.

7) 등심

- 폭찹, 돈가스, 스테이크
- 특징 : 표피 쪽에 두터운 지방층이 덮힌 긴 단일근육으로서 고기의 결이 고운편이다.

8-8 닭고기

1) 가슴살

가슴살은 소나 돼지고기의 안심 부위에 해당한다. 지방이 매우 적어 맛이 담백하고 근육 섬유로만 되어 있어 색이 흰 것이 특징. 살이 부드러워 튀김이나 볶음, 찜, 샐러드나 냉채 등에 자주 쓰는데, 너무 오래 가열하면 퍼석퍼석해지기 쉬운 것에 주의해야 한다. 광택 있는 핑크색이 신선한 것이며 끈적끈적하거나 즙이 나오는 것은 피하도록 한다.

2) 넓적다리

넓적다리는 활발히 운동하는 부위인 만큼 근육이 많으며 약간 단단한 편이지만, 적당한 지방과 글리코겐이 있어 감칠맛을 낸다. 충분히 가열해도 부드러우며 튀김이나 구이, 바비큐 등 다양한 조리법을 응용할 수 있다. 조림이나 찜에도 알맞은 부위. 지방이 투명하고 광택이 나는 쪽이 좀 더 신선한 것이다.

3) 다리살

넓적다리살이 '장각'이라면 우리가 흔히 보는 다리살은 '단각'이라고 한다. 다리살도 역시 운동을 많이 하는 부위인 만큼 탄력이 있고 육질이 단단하다. 근육의 색이 짙은 것도 특징. 지방과 단백질이 조화를 이루어

쫄깃쫄깃하며, 모양이 좋아 뼈와 함께 조리하는 경우가 많다.

4) 날개

날개는 색이 희고 살은 적지만 날개살 끝의 지방과 육질의 결합 조직이 젤라틴 상태로 돼있어 쫄깃하다. 콜라겐 성분이 함유되어 피부에도 좋으며, 맛이 좋아 조림이나 튀김요리에 많이 쓴다. 모공이 튀어나와 껍질이 전체적으로 까칠까칠한 것이 신선하며, 오래 될수록 표면이 밋밋해지고 점액 성분 등으로 번질번질해 진다

5) 어깨살

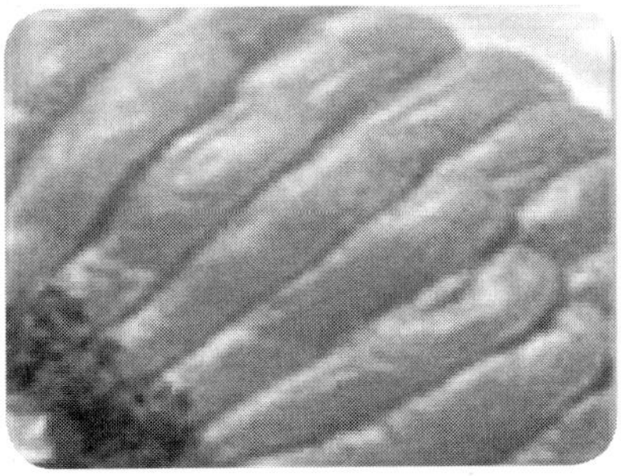

날개 위쪽의 어깨부위는 '닭봉'으로도 불린다. 단백질이 많고 육질이 연한 편이며 지방은 적어 맛이 담백하다. 또 날개부위에 비해 먹기 쉬워 아이들에게 인기가 높다. 튀김이나 조림에 이용하기에 알맞다. 껍질이 전체적으로 까칠까칠한 것이 신선하다.

8-9 오리, 칠면조

지방이 적고 맛이 담백하다.

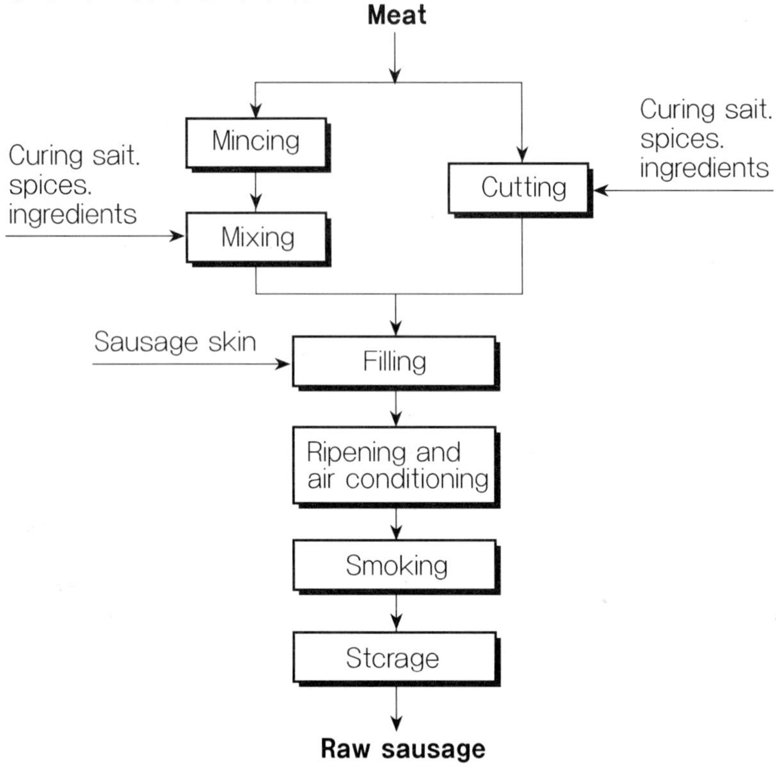

[그림 8-1] Production of raw sausage

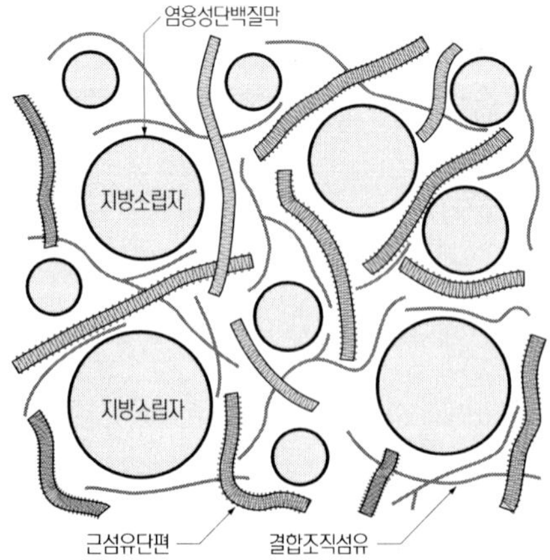

[그림 8-2] 소시지 에멀전의 모식도

9장 우유 및 유제품

우유는 그 영양분의 소화흡수 이용율이 거의 100%에 가까운 고급 단백질 식품으로서, 87%의 수분, 3.3%의 단백질, 3.4%의 지방, 4.7%의 유당, 0.7%의 회분을 함유하고 있으며 특히 유아기, 성장기, 임신기, 수유기 및 노년기에 절대적으로 많은 양이 필요한 칼슘(Calcium)의 가장 좋은 공급원이며 단백질의 우수한 공급원으로 알려졌다.

9-1 우유의 성분 (100g 중 비율)

1) 단백질

※ 3% 함유

① 카제인(80%) : 산에 응고, 비린내 흡착

② 유장단백질(20%) : 열에 응고(락토 글로불린, 락토알부민), 가열취(익은 냄새), 몇 가지 효소와 푸로테오즈, 펩톤 등이 속한다.

③ 지단백질 : triglyceride(팔미트산)

인지질 : 레시틴과 세파린(유화작용)

스테롤류 및 지용성비타민

2) 탄수화물

- 5% 정도 함유
- 대부분이 유당(lactose), 그밖에 포도당, 갈락토오즈도 미량.

3) 지방

- 3.5% 정도 함유
- 올레인산, 팔미틴산, 저급의 휘발성지방산(뷰티릭 산은 융점이 낮아 불쾌취를 생성)

4) 무기질

- 0.8% 정도 함유
- 나트륨, 칼륨, 칼슘, 마그네슘, 인산 함유, 철과 구리가 적다.

5) 수분

- 88% 정도 함유

6) 비타민

- 수용성, 지용성 거의 함유

7) 지방성분

- 유지방(3.0이상)
- 무지유 고형분(8.0%이상).

9-2 우유의 살균

① 저온 장시간 살균법(LTLT법) : 61~65℃에서 30분간 가열

② 고온 단시간 살균법(HTST) : 70~75℃에서 15-20초간 처리

③ 초고온 순간 살균법(UHT) : 130~140℃에서 2초간 살균처리. 가장 많이 사용 → 영양의 손실이 적고 완전멸균 가능.

9-3 우유와 타유의 조성 비교

표 9-1. Composition of human milk and milk of various mammals(%)

Milk	Protein	Casein	Whey Protein	Sugar	Fat	Ash
Human	0.9*	0.4	0.5	7.1	4.5	0.2
Cow(bovine)	3.2	2.6	0.6	4.6	3.9	0.7
Donkey	2.0	1.0	1.0	7.4	1.4	0.5
Horse	2.5	1.3	1.2	6.2	1.9	0.5
Camel	3.6	2.7	0.9	5.0	4.0	0.8
Zebu	3.2	2.6	0.6	4.7	4.7	0.7
Yak	5.8			4.6	6.5	0.9
Buffalo	3.8	3.2	0.6	4.8	7.4	0.8
Goat	3.2	2.6	0.6	4.8	4.5	0.8
Sheep	4.6	3.9	0.7	4.8	7.2	0.9
Reindeer	10.1	8.5	1.5	2.8	18.0	1.5
Cat	7.0	3.8	3.2	4.8	4.8	0.6
Dog	7.4	4.8	2.6			
Rabbit	10.4					

* After the 15-th day of breast feeding period the protein contenr is increased to 1.6%

9-4 유제품의 종류

1) 시유의 종류

- 균질우유 : 균질화 시킨것
- 강화우유 : 비타민, 무기질 강화
- 환원우유 : 탈지유를 유화, 조제

2) 연유

- 1/2-1/3로 농축시킨 것
- 가당연유 : 연유에 당을 첨가(40-50%의 설탕)

3) 분유

- 주로 열풍이 송풍되는 실내에서 건유, 탈지유, 반 탈지유 등을 분무식으로 뿜어 건조, 분말화 한 것.

4) 크림

- 우유에서 유지방을 separater로 분리한 것. 버터는 지방률이 40%인 것이 이용된다.

  예) 종류 : 포말 크림, 커피크림(18-20%), 발효크림 등

5) 버터

- 크림을 교동시켜 지방이 물에 분산되도록 유화한 것.

  공정) 원료젖 → 크림분리 → 탈지유 → 크림 중화 → 살균발효 → 교동 → 세척 → 소금 → 연압 → 버터

  종류) 발효 버터, 무발효 버터

6) 치즈

- 우유에 레닌을 가해 분리된 파라 카제인(Para-casein)을 칼슘과 결합시킨 응고물(커드, curd)을 가지고 만든다.

  공정) 우유 → 발효 → 응고 → 커드절단 → 가온,유청빼기 → 체더링 → 자르기 → 소금 → 압착 → 숙성

종류) 네츄럴 치즈(natural cheese): 경질치즈, 반경질치즈, 연질치즈 프로세스 치즈(process cheese) – natural cheese의 1종 혹은 2종 이상을 분쇄하여 유화제를 가하고 가열, 교반, 혼합하여 균질하게 한 다음 성형한 것.

7) 아이스크림

- 유지방+고형성분(탈지유, 버터밀크, 탈지분유, 연유)+달걀+감미료, 유화제, 안정제

공정) 원료 → 배합 → 살균 → 균질화 → 노화 → 얼리기 → 경화

8) 요구르트

- 우유에 유산균을 발효시킨 것.

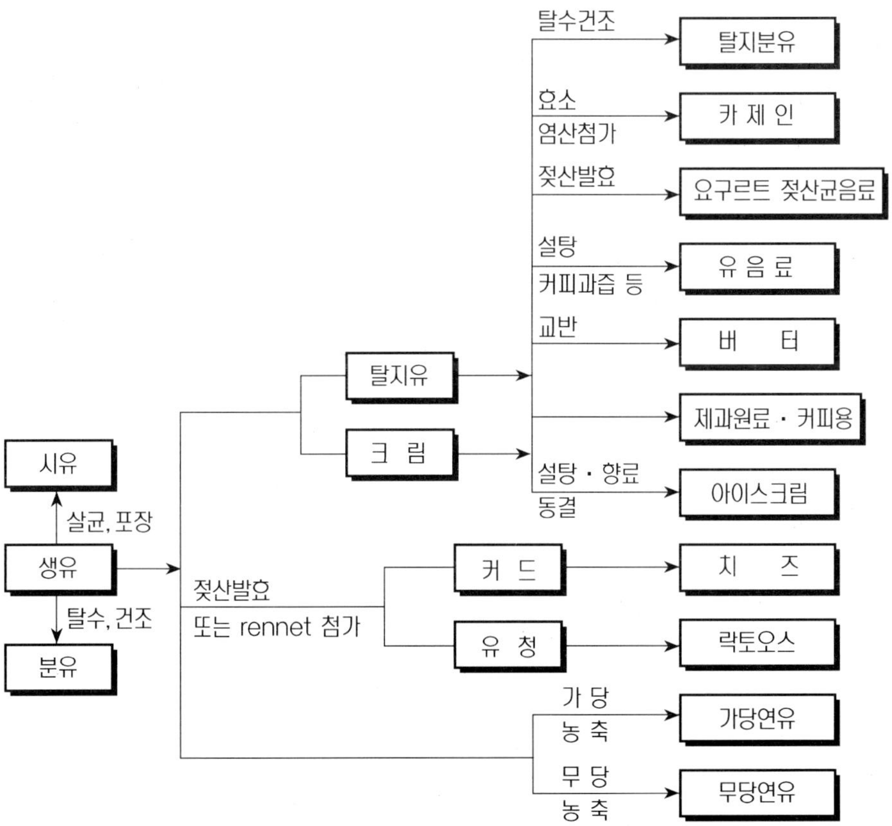

[그림 9-1] 우유의 가공제품

표 9-2. 유산균의 종류

미생물	L-Lactic acid (%)	비고
Lactobacillus bulgaricus *L. lactis* *L. leichmanii* *L. delbruekii* *L. acidophilus*	0.6 - 4 0 60	호열성 세균 Homo형 젖산발효균 D-, L- 또는 D,L-Lactic acid
L. fermentum *L. cellobiosus* *L. brevii*		Hetero형 젖산발효균 D,L-Lactic acid
Streptococcus thermoplilus *S. faecium*	99	호열성 세균 Homo형 젖산발효균 Homo형 젖산발효균
Lactococcus lactis	92 - 99	중온균 Homo형 젖산발효균
Leucostoc cremoris *L. mesenteroides*		Hetero형 젖산발효균 D-lactic acid
Pediococcus acidilactici		호열성 세균 Homo형 젖산발효균 D,L-Lactic acid

10장 난류

난류(eggs)는 동물의 알 종류를 총칭하여 부르는 명칭으로 닭, 오리, 칠면조, 거위, 메추리, 타조, 비둘기 등에 얻는다. 식품적 가치로서는 직접 생식도 가능하고 다양한 가공품으로 제조하여 섭취할 수 있는 영양가가 높은 식재료이다. 일반적으로 난류라 함은 달걀(계란)을 의미하며, 식품재료로서 사용되는 대부분의 난류가 달걀이다. 달걀의 용도로는 일반 조리, 제과제빵, 유제품, 의약품 제조 등 폭넓게 사용되고 있다.

10-1 달걀의 구조

① 난각 : 껍질의 두께는 0.3mm의 다공질막

② 난백 : 점도가 높은 농후난백 - 단백질이 특수한 망조직

점도가 낮은 수양난백 - 단백질이 섬유조직으로 존재

③ 난황 : 탄력성 있는 비테린막으로 난백과 구분되어 있다.

난황의 색은 크산토필 함량 때문

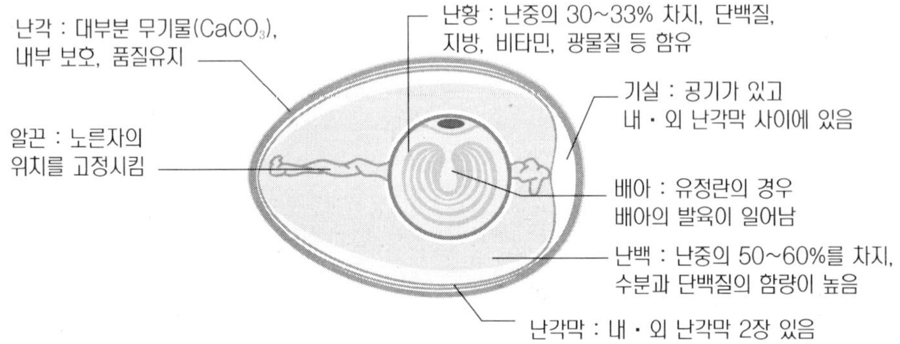

[그림 10-1] 달걀의 구조

10-2 달걀의 구성성분

1) 단백질

① 난백 : 당단백질로 80%가 알부민류이며, 다음은 뮤코이드

② 난황 : 인단백질로 리포비테린과 오보비테린이 45%를 차지

※ 계란의 단백가 : 100(돼지고기 86, 우유 78, 쌀 72)

$$단백가(\%) = \frac{식품중\ 제1제한\ 아미노산\ 함량}{FAO의\ 표준\ 단백질\ 중\ 아미노산\ 함량} \times 100$$

※ 계란의 생물가 : 87(우유 90, 돼지고기 79, 쇠고기 76, 생선 75,감자 71, 옥수수 54

$$식품의\ 생물가(\%) = \frac{체내\ 보유된\ N양}{체내\ 흡수된\ N양} \times 100$$

표 10-1. 계란의 구성성분

	단백질	탄수화물	지방	무기질	수분
전란	13%	0%	11%	1%	75%
난황	16%	0%	32%	2%	50%

표 10-2. Average composition of chicken eggs

분획	Total weight(%)	건물량 (%)	단백질 (%)	지방 (%)	탄수화물 (%)	무기질 (%)
Shell	10.3	98.4	3.3	−	−	95.1
Egg white	56.9	12.1	10.6	0.03	0.9	0.6
Egg yolk	32.8	51.3	16.6	32.6	1.0	1.1

표 10-3. Proteins of egg white

Protein	Percent of the total protein[a]	Denaturation temperature(℃)	Molecular weight(Kdal)	Isoelectric point(pH)	Comments
Ovalvumin	54	84.5	44.5	4.5	
Conalbumin (Ovotransferrin)	12	61.5	76	6.1	binds metal ions
Ovomucoid	11	70.0	28	4.1	proteinase inhibitor
Ovomucin	3.5		$5.5-8.3\times10^6$	4.5~5.0	inhibits viral hemagglutination
Lysozyme (Ovoglobulin G_1)	3.4	75.0	14.3	10.7	N-acetylmuramidase
Ovoglobulin G_2	4	92.5	30~45	5.5	good foam builders
Ovoglobulin G_1	4			5.8	
Flavoprotein	0.8		32	4.0	binds riboflavin
Ovoglycoprotein	1.0		24	3.9	
Ovoinhibitor	0.5		760~900	4.5	
Avidin	0.1		49	5.1	proteinase inhibitor
Ficin inhibitor	0.05		68.3[b]	9.5	binds biotin
	0.05		12.7	5.1	inhibits cysteine peptidases

a) Average values are presented.
b) Four times 15.6 kdal + approx. 10% carbohydrate

2) 지방

거의 난황에 들어 있으며 순수지방은 20%이고 나머지는 인지질의 형태

10-3 달걀의 신선도

① 껍질이 꺼칠꺼칠한 것은 신선한 것이고, 매끄럽고 광택이 있는 것은 오래된 것이다.

② 투시법 : 불빛에 비추었을 때 밝고 투명해 보이며 기포가 크지 않은 것이 신선한 것이다.

③ 비중법 : 6%의 식염수에 넣었을 때 뜨는 것은 오래된 것이다.

④ 할란검사 : 알을 깨뜨렸을 때 노른자가 그대로 있고 흰자가 넓게 퍼지지 않는 것이 좋다.

⑤ 혀끝을 대었을 때 둥근 부분은 따뜻하고 뾰족하게 된 부분은 찬 것이 좋다.

※ 신선한 달걀의 일반적인 평가

- 비중 : 1.08~1.09
- 난백계수 : 0.14~0.17
- 난황계수 : 0.36~0.44
- pH : 7.6(상하면 9.6 가까이 된다)

난백계수	난황계수
달걀을 깨어서 편평한 곳에 놓았을 때 농후 단백의 높이와 직경의 비를 말한다. $\text{난백계수} = \frac{\text{농후 난백의 높이}}{\text{농후 난백의 직경}} \times 100$	달걀을 깨어서 편평한 곳에 놓았을 때 난황의 높이와 직경의 비를 말한다. $\text{난황계수} = \frac{\text{난황의 높이}}{\text{난황의 직경}} \times 100$

10-4 달걀의 저장

① 냉장법 : 0.5~1℃에서 6개월간 저장

② 가스 저장법 : CO_2(이산화탄소), N_2(질소)에 저장

③ 표면도포법 : 규산소다 등을 표면에 입힌 것

④ 침지법 : 포화소금을 끓여 살균 처리

⑤ 간이법 : 통풍이 잘되고 찬 곳에서 소금, 석회, 톱밥, 왕겨 속에 묻어 두는 방법

11장
어패류 및 갑각류

11-1 어류

1) 해수어

참다랭이류, 대구(비타민 A를 많이 함유, 간유의 원료), 명태(명란젓은 명태의 난소를 염장한 것), 꽁치, 멸치, 정어리(겨울에 맛있다. 지방에 혈액응고 억제하고 심근경색에 효과가 있는 지방산인 EPA와 뇌를 활성화시킨다는 DHA 다량함유), 고등어류(살에 히스티딘이 많아 선도가 떨어지면 히스타민으로 변하여 알레르기), 청어, 다랭이류, 연어, 가자미류, 넙치류, 민어, 도미, 참돔농어, 갈치, 숭어, 갯장어, 붕장어, 준치, 아귀, 복어류 등이 있다.

2) 담수어

천어(川魚)·담수어(淡水魚)라고도 한다. 민물과 바닷물이 섞이는 기수(汽水)에서 일생을 보내는 물고기, 강물에서 살다가 알을 낳기 위해 바다로 가는 뱀장어, 부화 후 자어기(子魚期)만을 기수에서 보내고 나머지를 강물에서 보내는 은어도 포함된다. 바다에서 살다가 산란기와 자어기를 민물에서 보내는 연어 무리도 그 모천(母川)이 강물이므로 민물고기이다. 일반적으로 민물고기와 바닷물고기는 서식하는 기간이 긴 쪽의 장소를 기준으로 구별한다. 주요 담수어로는 뱀장어, 잉어, 붕어, 메기, 쏘가리, 미꾸리 등이 있다.

11-2 갑각류, 패류 및 연체류

1) 갑각류

딱딱한 껍질로 덮여 있고 가식부인 근육은 약 50%정도에 불과하다. 새우류는 주로 복부의 근육을 식용으로 하고 게류는 가슴과 다리의 근육을 식용으로 하는데 그 성상은 대략 어류의 근육과 같다.

① 새우류 : 대하, 중하, 보리새우, 점새우, 곤쟁이
튀김재료나 찜, 중국요리 재료로 많이 쓰인다.

② 게류 : 왕게, 닭게, 꽃게, 털꽃게

2) 연체동물

종류가 대단히 많아 6만 종 이상이다. 두족류는 몸통을 둘러싼 외투근과 다리의 근육을 식용으로 한다. 그러나 오징어는 몸통의 근육이 어육과 달리 근섬유가 직경 5μ 정도의 극히 가느다란 평활근이 몸통을 가로 자른 면에 병행하여 차곡차곡 쌓여서 뻗어 가고 서로 근모양의 조직이 뻗어 결이 뚜렷하다. 부족류는 조개껍질의 내부에 있는 족발의 근육을 주로 하고 폐각근(조개관자)과 내장부의 전부를 식용으로 한다. 복족류는 큰 각축근(족발, 조개관자)을 식용으로 한다.

① 두족류 : 문어, 낙지, 주꾸미, 오징어

② 부족류 : 조개류, 바지락(시원한 맛으로 호박산 함유), 백합, 피조개(칼슘이 많음), 꼬막, 굴, 재첩, 홍합

③ 복족류 : 전복, 소라

3) 극피동물

성게, 해삼 등으로 모두 연안 모래 섞인 진흙 위나 암초 사이에 서식한다.

4) 원색동물

멍게

11-3 어육의 성분

1) 단백질 : 완전단백질

- 섬유상단백질 : 근섬유의 주체, 전체 단백질의 70%
  → 미오신, 액틴, 액토미오신으로 구성
  → 어묵 형성에 이용 : 소금에 녹는 성질 이용
- 구상단백질 : 콜로이드액, 근섬유 사이를 메우고 있는데, 씻으면 유실되기 쉽다.

2) 지방

80%가 불포화 지방산 : 공기와 쉽게 결합(산화, 분해됨)

3) 어취

트리메틸아민 옥사이드가 트리메틸아민으로 환원되어 발생 표피에 많이 모여 냄새증가

4) 갑각류

키틴질의 절이 있다(새우, 게, 가제)

11-4 어패류의 저장

어패류는 수분이 많고 조직이 약하여 미생물이 부착하기 쉽고 생육이 활발하여 신선 식품 중에서 가장 부패되기 쉽기 때문에 신속히 저장하여야 한다. 최근에는 냉장 냉동법이 발달하여 냉동제품이 증가하는 추세이며 조리냉동, 연제품, 염장품, 건제품, 훈제품, 통조림 등의 어패류 가공품은 그 자체가 저장법인 것이 특징이다.

11-5 어패류의 가공

1) 건조품

소건품, 염건품, 자건품, 소건품, 훈제품, 조미건품, 동건품

2) 염장품

- 젓갈

원료) 오징어, 새우, 멸치, 조개 등

방법) 원료에 소금 20-30% 첨가

3) 통조림

4) 연제품

Gel화 되도록 전분, 조미료, 증량제 등을 첨가하여 반죽한 후 모양을 만들어 찌거나 굽거나 튀긴 것

원료) 생선의 흰살

제품) 어묵 등

※ myosin : 소금에 용해되어 풀과 같이 가열하면 굳음

표 10-4. Average chemical composition of crustaceans and mollusks

Crustaceans mollusks	Moisture[a]	Protein[a]	Fat[a]	Minerals[a]	Edible portion[b]
Shrimps	78	19	2		41
Lobsters	80	16	2	2.1	36
Crayfish	83	15	0.5	1.3	23
Oysters	83	9	1.2	2.0	10
Scallop	80	16	0.1	1.4	44
Mussel	83	10	1.3	1.7	18

a) As% of edible portion.

b) As% of the whole fish weight.

표 10-5. Average chemical composition of fish

Fish	Moisture[a)]	Protein[a)]	Fat[a)]	Minerals[a)]	Edible portion[b)]
Freshwater fish					
Eel	61	13	26	1.0	70
perch	80	18	0.8	1.3	38
Zander	78	19	0.7	1.2	50
Carp	72	19	7	1.3	55
Tench	77	18	0.8	1.8	40
Pike	80	18	0.9	1.1	55
Salmon	66	20	14	1.0	64
River trout	78	19	2	1.2	50
Smelt	80	17	1.7	0.9	48
Sea fish					
Cod	82	17	0.4	1.0	56
Haddock	81	18	0.1	1.1	57
Ling	79	19	0.6	1.0	68
Hake	81	17	0.9	1.1	58
Red fish(ocean perch)	78	19	3	1.4	52
Carfish	80	16	3	1.1	52
Plaice	81	17	0.8	1.4	56
Flounder	81	17	0.7	1.3	45
Common sole	80	18	1.4	1.1	71
Halibut(butt)	75	19	5	1.0	75
Turbot(britt)	80	17	1.7	0.7	46
Herring(Northern Sea)	63	17	18	1.3	67
Herring(Baitic Sea)	71	18	9	1.3	65
Sardine	74	19	5		59
Mackerel	68	19	12	1.3	62
Tuna	62	22	16	1.1	61

a) As% of edible portion.

b) As% of the whole fish weight.

표 10-6. The content of ω-PUFA in fish

(g/100 g of fillet)

Type of fish	EPA(20:5)*	DHA(22:6)*
Mackerel	0.65	1.10
Salmon(Atlantic)	0.18	0.61
Salmon(red)	1.30	1.70
Trout	0.22	0.62
Tuna	0.63	1.70
Cod	0.08	0.15
Flounder	0.11	0.11
Perch	0.17	0.47
Haddock	0.05	0.10
Sole	0.09	0.09

* Structure in Table 3.7.

PUFA : polyunsaturated fatty acid.

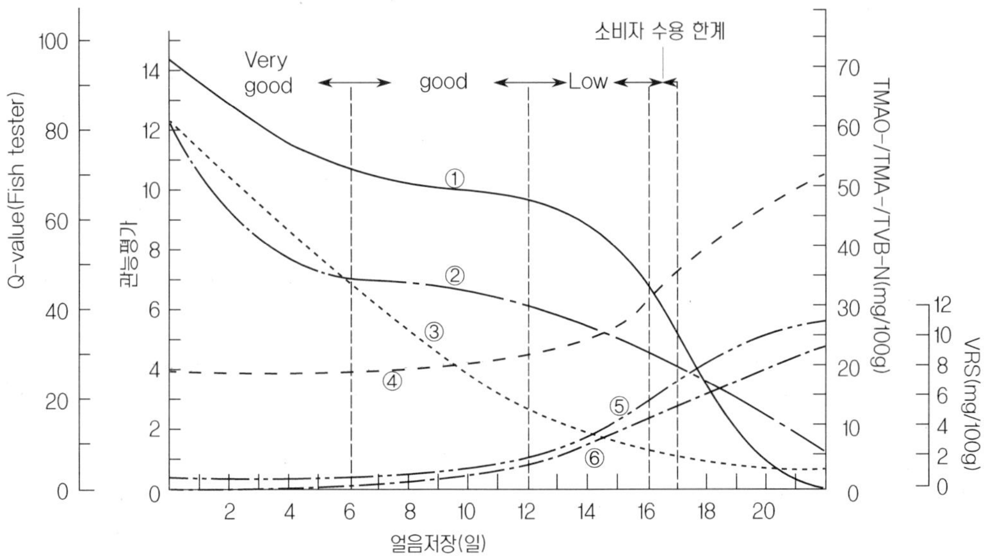

① 관능검사 ② TMAO-N ③ Q-Value

④ TVB-N ⑤ VRS ⑥ TMA-N

[그림 11-1] 대구의 저장 중 품질 변화

11-6 참치

1) 참치의 일반

- 농어목 고등어과로 몸은 뚱뚱하고 방추형에 가까우며 꼬리자루는 가늘다.
- 해수면 바로 아래에서 헤엄치며, 때때로 연안 가까이 출현하기도 한다. 일반적으로 40~80kg의 어류들은 군집을 이루어 생활한다. 먹이는 군집을 이루어 사는 멸치, 꽁치, 청어 등을 주로 먹으며 다음으로 오징어류와 갑각류를 먹는다.

2) 참치의 성분 및 특성

- 참치에는 특별한 불포화 지방산으로 EPA와 DHA가 들어 있다.
- 사람의 혈액 중에 들어 있는 아라키톤산이나 EPA는 모두 불포화 지방산 인데, 이것이 인체 내에 섭취되면 프로스타그라딘이라는 물질이 만들어진다. 같은 프로스타글란딘이라도 아라키톤산에서 만들어진 것은 혈액을 응고시키는 작용이 있고, EPA에서 만들어진 것은 혈액을 응고시키지 않으려는 작용을 한다. 두 종류의 물질이 균형이 잡혀 혈액이 혈관 중에서 순조롭게 흐르게 되고 가벼운 상처를 입었을 땐 쉽게 아물게 된다.

11-7 고등어

- 고등어는 꽁치, 정어리와 함께 대표적인 등 푸른 생선이다.
- 부패의 속도가 빨라 선도 유지가 문제, 부패 시 알레르기 유발물질인 히스타민을 내는 것이 문제다.
- 고등어는 내장에 들어있는 여러 가지 소화 효소의 힘이 강하므로 부패가 빠르기 때문에 겉은 멀쩡 해도 속은 부패된 경우가 많다.
- 고등어에 들어 있는 단백질에는 염기성 아미노산인 히스티딘이 많은 것이 특징(히스티딘 → 히스타민 방출)
- 영양성분 함량 : 단백질 20.1g, 지질 10.4g, 칼슘 26mg, 철 1.6mg, 비타민 B1 0.18mg, B2 0.46mg.

11-8 잉어

- 잉어목 잉어과의 민물고기.
- 전체 길이가 50㎝~1m 정도이고, 몸은 길고 옆으로 납작하다. 비늘은 크고 기와처럼 배열되어 있다. 입은 주둥이 밑에 있고 입수염은 두 쌍, 뒤의 한 쌍은 길이가 눈의 지름과 거의 같거나 약간 길다.

- 큰 강이나 호소의 비교적 깊은 곳에서 사는 잡식성 물고기이다.
- 산란기는 5, 6월이고 산란 적온은 18~22℃이다.
- 잉어는 풍부한 단백질과 높은 비율의 불포화지방산으로 구성

※잉어와 민간요법

잉어 탕을 남자가 먹으면 정력이 강해지고 정자의 수효가 늘어난다. 정자의 구성분으로 가장 많은 아미노산이 아르기닌과 히스티덴인데 잉어에는 아르기닌, 히스티딘 및 라이신 등이 풍부하게 들어 있다. 지질이 2%나 들어 있어 불포화 지방산이 주성분이기 때문에 동맥경화와 고혈압인 사람에게도 좋다. 이뇨작용과 부은 것을 내리며 젖이 잘 나게 한다(간경변증에 이용). 출산 후 몸이 부을 때는 잉어(숭어나 가물치)를 굵을 끓여 먹는다.

※ 잉어백숙

[재 료]

잉어 1마리, 인삼, 밤, 대추, 생강, 마늘 약간씩, 들기름 1컵

[만드는 법]

① 먼저 굵은 소금으로 잉어의 체액(끈적이)을 제거한다.

② 백숙은 비늘을 제거하지 않고 그대로 익히는게 좋으므로 비늘이 벗겨지지 않을 정도로 문질러야 한다. 아가미로부터 항문부위까지 칼을 대어 내장을 제거한 다음 물로 씻어 낸다.

③ 물기를 제거한 뒤 큰 찜통에 잉어를 통채로 넣고(한 두 토막 잘라도 된다) 들기름을 부어 살짝 튀긴다.(이렇게 하면 잉어 고유의 역겨운 맛이 없어져 백숙이 한결 부드러워 진다)

④ 튀겨지면 남은 기름을 받아내고 물을 찜통의 3분의 2가량 붓는다.

⑤ 약 3시간정도 곤 뒤 건더기를 건져내 삼베 보자기에 싼 다음 진국을 짜낸다.

⑥ 남은 곰국에 인삼, 대추, 밤 등을 넣고 은은한 불에 계속 곤다. 국물이 우유 빛으로 희게 되면 완성

11-9 새우

- 새우류의 갑각은 당분과 단백질이 결합한 당단백질
- 새우젓은 발효되는 동안에 많은 양의 프로테아제가 생성, 리파제 함유
- 새우에 불포화지방과 타우린 함유
- 영양성분 함량 : (중하 생 것) 단백질 20.1g, 지질 0.9g, 회분 1.7g, 칼슘 77mg, 인 260mg, 철 2.6mg.
- 왕새우(대하): 한국(남해 · 황해), 중국(보하이해), 동중국해에 분포한다. 안면읍 창기리는 대하잡이의 중심지.

11-10 게

- 게는 저지방, 고단백 식품으로 비만, 고혈압, 심장병 환자에 효과적
- 글루타민산, 타우린 등과 함유, 열량이 낮아 다이어트 식단의 재료로도 유용
- 게살 1백g당 열량은 49(붉은대게)~74(꽃게)㎉에 불과하나, 참게는 1백75㎉
- 게 껍질에 많은 키틴은 체내 지방축적을 방지하고 콜레스테롤을 낮추는 약리작용으로 인해 건강식품, 다이어트식품의 원료로 사용된다.

- 민물 게는 폐디스토마의 중간 숙주이기 때문에 날 것으로 먹거나 게장으로 먹으면 폐디스토마에 걸릴 위험성이 크다.
- 단백질을 구성하는 아미노산의 종류는 로이신, 아르기닌, 라이신, 이소로이신, 메티오닌, 트레오닌, 페닐알라닌, 발닌, 히스티닌, 티로신, 시스틴 등인 필수 아미노산이 많아 발육기에 있는 어린이에게는 아주 좋은 식품이다.
- 영양성분 함량 : 단백질 13.7g, 지질 0.8g, 회분 2.1g, 칼슘 118mg, 인 182mg, 철 3.0mg, 비타민 C 61mg.

※ 게와 한방

한방에선 성질이 찬 게를 해열, 숙취 해소에 효과가 있다고 함. 가슴이 답답하고 열감을 느낄 때 게를 먹으면 잘 풀어진다. 산후조리 중인 여성이 먹으면 어혈로 배가 아픈 것이 낫는다. 과거엔 게는 조심해야 할 일종의 금기 식품이었다. '게와 감을 같이 먹으면 죽는다'. '게와 꿀을 같이 먹으면 생명이 위태롭다'는 말까지 있었다. 이것은 게와 감은 모두 성질이 찬 식품이므로 설사를 일으키고, 상하기 쉬운 게를 오래 보관한 뒤 꿀과 같이 먹으면 식중독에 걸린다는 것이다.

※ 간장게장

[재 료]

꽃게400g, 마늘4쪽, 양파1개, 생강1쪽, 풋고추1개, 홍고추1개, 간장2컵, 물2컵

[만드는 법]

① 꽃게는 솔로 문질러 깨끗이 씻어 끝에 있는 날카로운 부분만 가위로 잘라낸다. 산 게를 손질할 때는 물을 넉넉히 부어 소금을 탄다. 여기에 게를 넣고 주걱이나 막대를 이용해 마구 흔들어주면 흙과 지저분한 것들을 모두 뱉어 낸다.

② 양파는 채 썰고, 풋고추, 홍고추는 어슷썰기, 마늘, 생강은 편으로 썬다.

③ 항아리에 꽃게를 놓고 준비한 야채를 켜켜로 담는다.

④ 물과 간장을 위의 분량으로 끓여 식힌다.

⑤ 식힌 간장을 항아리에 붓는다.

⑥ ⑤의 과정을 하루씩 걸러 3번 정도 끓여서 붓는다.

⑦ 냉장고에 넣고 먹을 때마다 꺼내서 먹는다.

※ 게장

[재 료]

꽃게200g, 풋고추1개. 꽃게

[양념장]

간장1큰술, 다진마늘1/2작은술, 다진생강1/2작은술, 고춧가루 2큰술, 설탕1/3작은술, 통깨1/2작은술, 실고추, 물엿1큰술, 절임간장 4큰술

[만드는 법]

① 게는 산 것으로 준비해 다리 끝 부분은 자르고 게딱지를 떼어 손질한다. 손질한 게는 먹기 좋은 크기로 잘라 간장에 재운다.

② 게에 간이 배면 건져내고 절였던 간장은 끓여서 식힌다.

③ 식힌 간장에 다진마늘, 다진생강, 설탕, 고춧가루, 통깨, 물엿, 실고추를 넣어 양념장을 만든다.

④ 풋고추는 어슷 썰어 물에 헹구어 씨를 제거한다.

⑤ 양념에 게와 풋고추를 넣고 섞는다.

※ 꽃게탕

[재 료]

꽃게 2마리, 무(4cm길이) 1토막, 모시조개 12개, 애호박(4cm길이) 2토막 미나리 15줄기, 대파 1뿌리, 양파, 청양고추, 붉은고추 1개씩, 쑥갓 6줄기, 양념장(고추장, 고춧가루, 간장 2큰술씩, 다진 마늘, 파 2큰술씩, 다진 생강 1작은술, 후춧가루 약간)

[만드는 법]

① 꽃게는 솔로 깨끗이 씻어서 등딱지와 부채살 모양으로 생긴 것으로 떼어내고 2~4등분한다.

② 조개는 박박 씻어서 해감을 없앤다. 조개를 냄비에 담고 물 5컵을 부어서 뚜껑을 덮어 끓인다. 끓여서 조개가 입을 벌리면 조개는 건지고 국물은 젖은 면보자기에 내린다.

③ 재료준비 : 무는 5mm 두께, 사방 3cm 크기로 썰고, 호박은 반달 모양으로 썬다. 양파는 채 썰고, 미나리는 잎을 떼고 씻어서 4cm 길이로 썬다. 쑥갓도 다듬어 씻어서 4cm 길이로 썬다. 대파와 고추는 어슷하게 썬다.

④ 양념장 재료를 섞어놓는다.

⑤ 냄비에 무를 담고 조갯국물을 부어서 끓인다. 무가 익으면 양념장을 풀고 양파 → 호박 → 꽃게 → 모시조개 → 대파 → 고추 → 미나리 → 쑥갓 순으로 넣고 끓여서 소금으로 간을 맞춘다.

※ 꽃게찜

[재 료]

꽃게 3마리, 쇠고기 100g, 달걀 1개, 밀가루 1큰술, 표고버섯 4장, 석이버섯 5장, 미나리 1/3단, 진간장 2작은술

[만드는 법]

① 꽃게는 딱지를 떼고 살과 알을 골라낸다.

② 쇠고기는 곱게다져 게살, 밀가루, 푼 달걀을 섞어 갖은 양념한다.

③ 게딱지에 2를 담아 찜통에 찐다.

④ 표고버섯과 석이버섯은 곱게 채 썰어 양념하여 볶는다.

⑤ 미나리는 다져 4cm길이로 잘라 무치고 달걀은 황백지단을 부쳐 채 썬다.

⑥ 게찜에 ④와 ⑤의 고명을 얹어서 낸다.

11-11 오징어

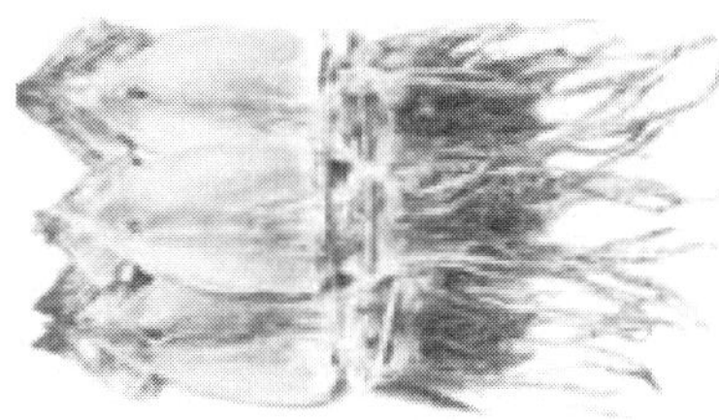

- 오징어는 머리, 몸통, 다리의 3부분으로 이루어지며, 머리는 다리와 몸통 사이에 있고 좌우 양쪽에 큰 눈이 있다. 2개의 촉완(觸腕)과 8개의 다리가 있고 끝이 가늘어져 안쪽에 짧은 자루가 있는 흡반이 있다. 제3, 제4다리 사이에 촉완이 있는데 다른 다리보다 길며 끝쪽이 약간 넓어져 있고 거기에 흡반이 있다. 보통 때는 주머니 속에 들어 있다가 먹이를 잡을 때에 뻗친다.
- 오징어 살엔 단백질이 20%(말린 것은 60%)나 들어 있다. 특히 우리의 주식인 쌀 등 곡류에 부족한 라이신, 트레오닌, 트립토판 같은 아미노산이 풍부하다.
- 콜레스테롤이 많이 들어 있지만 콜레스테롤의 체내 흡수를 억제하는 타우린이 다른 어패류의 2~3배나 함유함
- 열량은 마른 오징어 1백g당 3백53㎉(생것은 95㎉)이다.
- 오징어의 단백질은 그 조직이 다른 생선이나 고기류에 비하여 서로 교차되고 직각으로 얽혀 있어 열을 가하면 즉시 오그라드는 것이 특징이다.
- 영양성분 함량 : (말린오징어) 단백질 67.8g, 지질 6.9g, 회분 5.6g, 칼슘 252mg, 인 821mg, 철 2.8mg오징어 살엔 단백질이 20%(말린 것은 60%)나 들어 있다. 특히 우리의 주식인 쌀 등 곡류에 부족한 라이신, 트레오닌, 트립토판 같은 아미노산이 풍부하다.
- 콜레스테롤이 많이 들어 있지만 콜레스테롤의 체내 흡수를 억제하는 타우린이 다른 어패류의 2~3배나 함유함
- 열량은 마른 오징어 1백g당 3백53㎉(생것은 95㎉)이다.
- 오징어의 단백질은 그 조직이 다른 생선이나 고기류에 비하여 서로 교차되고 직각으로 얽혀 있어 열을 가하면 즉시 오그라드는 것이 특징이다.

- 영양성분 함량 : (말린오징어) 단백질 67.8g, 지질 6.9g, 회분 5.6g, 칼슘 252mg, 인 821mg, 철 2.8mg

※ 오징어와 성분

타우린은 마른 오징어 표면에서 보이는 하얀 가루다. 새우가 탈 때 나는 구수한 맛 성분도 이것이다. 영양학자들은 타우린을 콜레스테롤, 혈압 강하, 피로, 시력 회복, 담석 제거, 심장병, 동맥경화, 암 예방에 유용한 물질로 여긴다. 먹물은 항암효과로 주목받고 있다. 일본의 동물실험에서 먹물에 든 뮤코 다당류가 암에 걸린 쥐의 생존율을 높이는 것으로 드러났다. 이후 일본에서는 오징어 먹물이 첨가된 라면과 국수까지 나왔다.

※ 오징어와 동의보감

동의보감은 오징어의 살이 기(氣)를 보호한다고 적고 있다. 의지를 강하게 하고 여성의 생리불순을 낫게 하며 남성의 정액을 많게 한다고 알려졌다. 한방에서는 먹물을 여성의 살혈심통(殺血心痛)치료에 쓴다. 자궁출혈이 있으면서 가슴앓이가 심한 여성에게 먹물을 볶아 가루를 낸 뒤 식초 끓인 물에 타 먹이면 효험이 있다.

※ 오징어순대

[재료]

오징어2마리, 찹쌀1/2컵, 숙주100g, 풋배추1/2포기, 붉은고추2개, 풋고추2개, 마늘4쪽, 파1뿌리, 진간장3큰술, 청주2큰술, 밀가루

[만드는 법]

① 찹쌀은 물에 1시간 정도 불린다.

② 오징어는 다리와 내장을 빼낸 후 몸통은 소금이나 마른 헝겊을 이용해 껍질을 벗기고, 다리는 깨끗이 손질해 둔다.

③ 숙주는 다듬고, 풋배추도 물기를 뺀다. 고추와 마늘은 잘게 다지고, 파는 잘게 썬다. 숙주와 풋배추를 각각 비닐봉지나 랩에 싸서 전자레인지에 넣어 약1분30초간 가열하여 꺼낸

다. 어느 정도 식으면 잘게 썬다.

④ 그릇에 준비한 오징어 다리를 담고 랩을 씌운 다음, 전자레인지에 넣어 약4분간 가열하여 꺼낸 뒤 식혀서 다지듯이 송송 썬다.

⑤ 그릇에 불린 찹쌀, 오징어다리, 숙주, 풋배추, 붉은고추, 풋고추, 다진 마늘과 잘게 썬 파를 넣고 고루 섞은 뒤 진간장과 청주로 양념한다.

⑥ 오징어 안쪽에 밀가루를 바른 뒤 재료를 오징어에 채워 넣고 대꼬챙이로 꿰맨다. 넓은 그릇에 대발을 깔고, 오징어를 얹은 다음 랩을 씌우고 전자레인지에 넣어 10분간 가열한다. 뒤집어서 다시 10분간 가열한 후 꺼내어 먹기 좋은 크기로 썬다.

11-12 조개

- 조개의 번식은 독특하다. 대부분의 이매패류(모시조개나 대합 등)는 알과 정자를 낳고 물속에서 수정한다. 권패류(소라나 우렁이처럼 껍질이 둘둘 말린 조개)는 산란 전에 짝짓기를 하여 수정이 되면 '난낭'이라고 하는 주머니에 낳는다.
- 조개류 자체는 콜레스테롤이 많지만 혈액 속의 콜레스테롤 수치를 떨어뜨리는 타우린이 풍부하게 들어 있어 많이 먹으면 동맥경화, 심근경색, 고혈압 등을 예방

- 미량의 아연은 우리 몸에 꼭 필요한 무기질
- 홍합 : 간기능을 도와주고, 뼈와 근육을 튼튼하게 하며, 피를 만들어 준다. 몸이 허약하고 밤에 식은땀을 많이 흘리는 사람이나, 자주 어지럽고 허리가 아픈 사람에게 좋은 음식이다.
- 소라 : 눈이 밝아지고 소변이 잘 나오며, 숙취를 풀어주는 데에도 좋다.
- 조개류는 끓이기 전에 반드시 해감시켜야(물에 담가두어 조개속에 들어 있는 찌꺼기를 뱉어 내도록 한다)한다. 그리고 국물을 좀 더 깨끗하게 하려면 끓인 국물을 면헝겁에 걸러서 사용한다.

※ 조개탕

[재료]

모시조개 20개, 붉은고추 1개, 마늘 2쪽, 청주 2큰술, 다진파 1큰술, 소금, 후춧가루 약간씩, 물 5컵

[만드는 법]

① 조개는 소금물에서 해감시켜 둔다.

② 문질러 씻은 조개를 냄비에 넣고 어슷 썬 붉은고추, 마늘, 물과 함께 끓인다.

③ 끓기 시작하면 청주를 넣고 소금, 후춧가루로 간한다.

④ 조개가 벌어지고 국물 맛이 우러나도록 끓인다.

※ 조개 미역국

[재료]

미역(불린것) 400g 모시조개나 바지락조개, 껍질째 200g, 다진마늘 1큰술, 국간장 1큰술, 후춧가루 약간, 술 1큰술, 소금

[만드는 법]

① 미역은 물에 담가 불려서 부드러워지면 바락바락 주물러서 먹기 좋은 길이로 뜯는다.

② 조개는 박박 문질러 씻은 다음 옅은 소금물에 담구어 해감을 토하게 한다.

③ 냄비에 조개를 담고 물을 붓고 술을 넣어서 한소끔 끓인다.

④ ③에 끓으면 체에 면 보자기를 깔고 받쳐 조개는 따로 두고 국물은 다시 냄비에 붓고 끓으면 ①의 미역 불린 것을 넣고 끓인다.

⑤ 끓으면 따로 분리해둔 조개를 넣고 다시 한소끔 끓여 국간장과 소금, 후춧가루로 간을 맞춘다.

11-13 해삼

- 해삼의 조상은 고생대 오르도비스기에 출현하였으며 현생종은 세계에 약 1,500종이 알려져 있고 한국에는 4과 14종이 알려져 있다.
- 몸은 앞뒤로 긴 원통상이고 등쪽에 혹 모양의 돌기가 다수 있다. 앞끝에는 입이 열리고 그 둘레에 다수의 촉수가 있으며 뒤끝에는 항문이 있다.
- 해삼은 단백가 51, 수분 91%, 단백질은 3.4% 밖에 안되지만 몇 안돼는 동물 알칼리 식품이다.
- 칼슘, 요오드를 비롯해 알긴산이 특히 많아 체내의 신진대사를 촉진하고 혈액을 정화하는 효능이 있다.

※ 해삼과 한의학

한의학에서는 예부터 해삼을 바다의 인삼으로 여겨오면서 남성의 생식기능 강장효과와 성신경 흥분약으로 많이 사용했으며 폐결핵, 음위증(陰 症:성기발기 부전증), 그리고 여러 가지 출혈성 질환과 빈뇨증에도 썼다. 해삼독은 항종양 약으로 쓰며, 위장 및 십이지장 궤양에도 효과가 좋다.

해삼은 성기능을 강화해 주는 좋은 약이지만 한번에 너무 많이 먹어서는 안 된다. 해삼은 약성이 차갑기 때문에 한번에 많이 먹게 되면 설사가 나기 쉽다. 1회에 5~6마리 정도 자주 먹는 것이 좋고 평소 설사가 잦은 사람들은 해삼을 먹지 않는 것이 좋다.

12장 해조류

12-1 해조류

- algae (藻類) : 400여종 중 50여종을 식용
- 종류
    - · blue algae (青藻類)
    - · green algae (綠藻類) : 파래, 클로레라
    - · brown algae (褐藻類) : 다시마, 미역, 톳
    - · red algae (紅藻類) : 김, 우뭇가사리
- 전반적으로 소화율과 열량이 낮다.

12-2 용도

- 食用 : 生食, 건조식품
- 糊料 製造, 한천, alginic acid, mannitol, carrageenan 등의 원료.
- 약용, 사료, 비료

12-3 성분

(1) 단백질

① 함량과 질 : 김 (건조품)의 경우 20%-30%, 기타 5% 정도, 아미노산 양호

② 다시마 : glutamic acid ↑

③ 김 : arginine, cystine ↑

④ 청태, 미역 : cystine ↑

⑤ lipids : 1%미만, 불검화물↑(특이 sterols)

(2) 탄수화물

① 건조품의 약 50%, 전반적으로 mucopolysaccharides ↑

② green algae : starch

③ 그 외의 것들은 독특한 다당류 함유 : 남조전분, 홍조전분, mannitol, alginic acid, fucin, fucoidin, agar, laminarin, carrageenan, 기타 섬유소 유사물질들

④ 무기질 : Ca, P, Fe↑, trace element로서 iodine↑

⑤ vitamin-A(carotene 으로서), B1, B2, niacin, C(김의 경우 20mg/100g)

⑥ 색소 : chlorophyll(녹조류), carotenoids, phycoerythrin/phycocyanin(김)

12-4 김

- 홍조식물문 보라털과의 해조(海藻). 종류가 많고 모양도 다양
- 수온이 올라가는 여름에는 작고 긴 사상체로 되어 조가비 속에서 살다가 수온이 내려가면 비로소 보통 김으로 자란다.
- 마른 김 5장에 들어 있는 단백질은 달걀 2개분에 해당되며, 비타민 B1, B2, B6 등이 많이 함유되어 있다. 또한 채소에 비해 안정성이 높은 비타민C 및 콜레스테롤을 체외로 배설시키는 성분이 들어 있어 동맥경화와 고혈압을 예방하는 효과가 있다.

※ 김밥

[재료]

김 5장, 쌀 3컵, 물 3컵, 다시마 5cm, 청주 1큰술, 단무지 150g, 오이1개, 햄 150g, 맛살, 당근 150g, 우엉 150g, 달걀 3개

- 배합초 : 식초 4큰술, 설탕 2큰술, 소금 2큰술 소금, 설탕 약간씩, 우엉
- 조림장 : 간장 3큰술, 설탕 3큰술, 맛술 1큰술, 물 1컵

[만드는 법]

① 쌀은 씻어 물을빼 20~30분간 불려둔다. 다시마는 물에 담가 하룻밤을 재운다. 씻어 놓은 쌀에 다시마 물과 청주를 넣어 고슬고슬하게 지어놓는다.

② 냄비에 식초, 설탕, 소금을 넣고 설탕과 소금이 녹도록 끓인 후 내린다. 다된 밥에 밥알이 으깨지지 않도록 주걱을 세워 부채질을 하면서 배합초를 잘 섞는다.

③ 오이는 소금으로 비벼 씻어 씨를 제거하고 길이로 썬다.

햄, 단무지도 0.5cm로 각썰기 한다. 당근도 길이로 가른 후 0.5cm 각으로 썰어 소금, 설탕으로 간하여 볶고, 우엉은 채 썬 후 식초에 담가 특유의 냄새를 제거한 후 물에 한번 삶아 낸 후 조림장을 넣고 조려준다.

④ 달걀은 물 4큰술, 설탕, 소금을 넣고 잘 저어 중간 불로 돌돌 말아가며 지져 놓은 후 단무지 크기로 썰어 놓는다. 햄과 맛살은 팬에 기름을 약간 두르고 지져 놓는다.

⑤ 김의 거친 면 위에 밥을 앞쪽 1cm, 뒤쪽 3cm를 남기고 골고루 펴준다. 가운데 속재료를 놓을 곳은 조금 얇게 놓는다. 가운데 속재료를 놓고 앞의 밥끝이 뒤의 밥끝과 맞닿도록 한번 접어 모양을 둥글게 잡아준다. 너무 꼭 말아도 맛이 덜하다.

⑥ 예쁘게 썰어 낸다.

12-5 미역

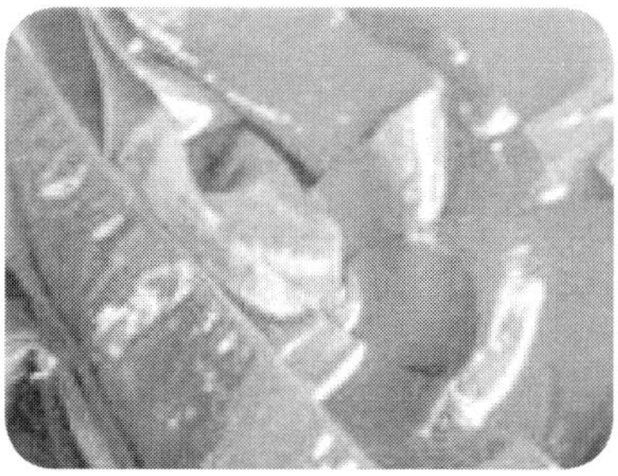

- 다시마목 다시마과 해조(海藻)로써 전체길이가 1~2m 정도로 자라며, 뿌리, 줄기, 잎으로 구성된다
- 주성분은 탄수화물이지만 단백질과 회분도 많이 함유하고 있다.
- 미역은 강한 알칼리성 식품이다. 산성식품을 먹을 때 산도를 중화시키는 데 소화율은 단백질 64%, 지질 60, 당질 92%, 섬유 37% 이다.
- 미역은 식이섬유가 풍부한(35%) 식품이다.

- 칼륨은 미역 1백g당 5g쯤 들어 있는데 염분을 소변으로 배출시키는 역할을 한다. 그래서 짜게 먹는 습관을 가진 사람에게 권할 만하다.
- 칼슘(미역 1백g당 1g)은 골격, 치아 형성에 필요한 성분이며 산후 자궁의 수축, 지혈에 효과적이다.
- 요오드(1백g당 1백mg)는 갑상선 호르몬을 만드는 데 필요하다.

※ 미역과 건강

미역 속에 들어있는 알긴산은 혈압을 내리는 작용을 한다. 미역은 콜레스테롤을 제거하고 뇌를 건강하게 하며 피를 보충하는 효과가 있고, 혈관 질환에 예방과 치료 효과가 있다. 미역은 생것을 먹어야 영양분 손실을 적게 한다. 미역에는 각종 종양 환자나 갑상선이 부어오르는 질환, 고지혈증, 고혈압, 동맥경화, 협심증 등의 증상이 있을 때 미역을 항상 먹으면 좋다.

미역은 민간에선 산후선약(産後仙藥)으로 통한다. 산모가 첫 대면한 음식이 바로 미역국이었기에 생일, 출산하면 으레 미역을 떠올리는 것이다.

※ 미역국

[재료]

건미역10g, 다진마늘1작은술, 물8컵, 국간장3큰술, 소금약간

[만드는 법]

① 미역은 찬물에 불리고 거품이 나도록 바락바락 문질러 씻는다. 불린 미역은 먹기 좋게 짧게 자른다.

② 냄비에 참기름을 넣고 자른 미역과 마늘을 넣고 볶는다.

③ 미역에 물을 넣고 푹 끓인다.

④ 미역이 푹 무르면 국간장, 소금으로 간을 맞춘다.

※ 미역국에 파를 넣으면 떫은 맛이 나기 때문에 넣지 않는다.

※ 미역과 한의학

한방에선 미역을 해채(海菜).감곽(甘藿).자채(紫菜).해대(海帶) 등으로 부르며 귀중히 여겼다.

동의보감에선 “해채는 성질이 차고 맛이 짜며 독이 없다. 효능은 열이 나면서 답답한 것을 없애고 기(氣)가 뭉친 것을 치료하며 오줌을 잘 나가게 한다”고 기술했다

※ 쇠고기 미역국

[재료]

참기름 1/2큰술, 다진 마늘 약간, 국간장 3큰술, 고운 소금

[만드는 법]

① 마른 미역은 물에 담가 충분히 불린 다음, 바락 바락 주물러 씻어 먹기 좋게 썰어 놓는다.

② 그릇에 미역을 담고 국간장, 고운 소금, 다진 마늘을 넣고 조물조물 무친다.

③ 쇠고기는 납작납작 썰어 놓는다.

④ 냄비에 참기름을 두르고 미역과 쇠고기를 넣어 볶은 후 물을 붓고 푹 끓인다.(이때 충분히 볶아주지 않으면 국물에 기름이 둥둥 뜬다)

⑤ 다진 마늘과 국간장을 넣고 간을 맞춘다.

※ 쇠고기는 충분히 볶아야 국물을 넣었을 때 핏물이 나오지 않는다.

※ 조개 미역국

[재료]

미역(불린것) 400g, 모시조개나 바지락조개, 껍질째 200g, 다진마늘 1큰술, 국간장 1큰술, 후춧가루, 술 1큰술, 소금

[만드는 법]

① 미역은 물에 담가 불려서 부드러워지면 바락바락 주물러서 먹기 좋은 길이로 뜯는다.

② 조개는 박박 문질러 씻은 다음 엷은 소금물에 담구어 해감을 토하게 한다.

③ 냄비에 조개를 담고 물을 붓고 술을 넣어서 한소끔 끓인다.

④ ③에서 끓으면 체에 면 보자기를 깔고 받쳐 조개는 따로 두

고 국물은 다시 냄비에 붓고 끓으면 ⓐ의 미역 불린 것을 넣고 끓인다.

⑤ ④가 끓으면 따로 분리해둔 조개를 넣고 다시 한소끔 끓여 국간장과 소금, 후춧가루로 간을 맞춘다.

※ 조개를 국물과 함께 오랫동안 끓이면 조갯살이 딱딱해지므로 살짝 익힌 조개는 따로 꺼내두고, 국물에 남아 있는 해감 찌꺼기를 완전하게 걸러내기 위해 면 보자기를 받쳐 체에 내리는 것이 중요하다.

12-6 다시마

- 길이 1.5~3.5m, 나비 25~40cm이다. 큰 바닷말이며 2~4년생인 엽체(葉體)는 포자세대(胞子世代)로서 겉보기에는 줄기 · 잎 · 뿌리의 구분이 뚜렷하다. 잎은 띠모양으로 길고 가운데 부분보다 약간 아래쪽이 가장 넓다.
- 다시마에는 카로틴류, 크산토필류, 엽록소 등의 여러 가지 색소 외에 탄소동화작용으로 만들어지는 마니트, 라미나린 등의 탄수화물과 세포벽의 성분인 알긴산이 많이 들어 있고, 요오드, 비타민 B2, 글루탐산 등의 아미노산이 들어 있다.

※ 다시마와 한의학

병을 미리 예방해 건강한 생활과 수명을 연장시키는 묘약재로 알려져 있다. 특히 12가지의 수종(붓는병), 영류(혹), 누창(고름 나는 종기)을 다스리는데 피나 근육이 뭉쳐서 덩어리지는 병을 풀어주어 고혈압, 동맥경화에 효과가 있다고 알려졌다.

12-7 파래

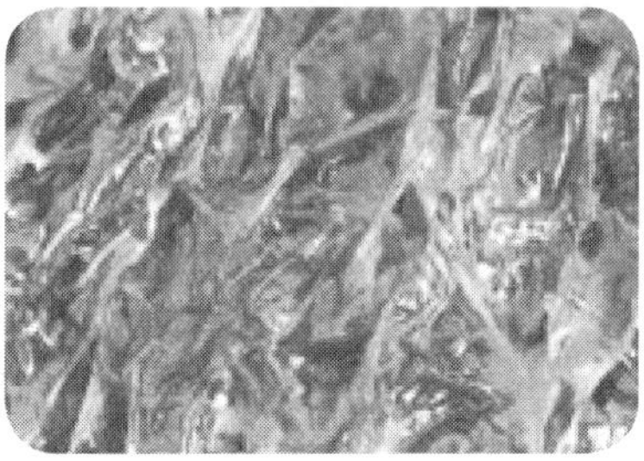

- 일반적으로 파래는 파래속의 해조 모두를 가리키며, 청해태(青海苔)라 할 경우는 다른 속의 홑파래, 갈파래 등도 포함된 것을 가리킨다.
- 파래는 독특한 향이 있으며 여러 가공식품으로 이용되고 있다.
- 단백질과 당질을 많이 함유하고 있으며, 무기질 중에는 칼슘과 철분은 많은 편이지만 요오드는 다른 해조류에 비해서 적다.
- 칼슘이 풍부하여 뼈나 치아의 건강에 좋고, 출혈시 응혈작용과 흥분된 신경의 억제작용, 근육의 수축작용에 효과적으로 대표적인 건강식품으로 꼽힌다.
- 철분이 많아서 빈혈에 좋고 피로회복에 좋다.
- 엽록소가 많아 신진대사를 도와주며 입에서 냄새가 날 때 씹으면 잘 가신다.
- 파래는 비타민A가 많이 들어있고 이것이 니코틴을 해독하는 것으로 알려져 있다.

※ 파래 달래 무침

[재료]

파래 2묶음, 달래1묶음, 식초 1/4컵, 진간장 1/4컵, 깨소금, 고춧가루, 소금

[만드는 법]

① 달래를 손질한 후 뿌리쪽부터 다져서 1/2컵을 준비한다.

② 식초에 달래를 담가둔다.

③ 파래는 굵은 소금약간을 넣어 바락바락 주물러 준다.

④ 파래를 찬물에 넣고 몇 번 반복해서 헹군다.

⑤ 파래는 물기를 꼭 짠 뒤 그 다음 진간장을 부어 15분 담가둔다.

⑥ 파래는 다시 물기를 꼭 짠 뒤 먹기 좋게 찢어주고 달래만을 넣어 같이 버무린다.

⑦ 그 다음 깨소금, 고춧가루를 넣어 무친다.

※ 동치미 무나 초절임 무를 채썰어 넣어 줘도 됨.

12-8 톳

- 조간대 하부에서 큰 군락을 이룬다.
- 식물체는 섬유상의 뿌리를 가지고 직립하며 줄기는 원주상이고 1회 우상으로 가지가 갈라진다. 잎은 하부에서만 볼 수 있고 다육질이며 작고 가장자리에 톱니가 있다. 잎은 곧 떨어지는데, 가지 중 작은 것은 곤봉 모양을 하며 얼핏 보아 잎과 같이 느껴진다.
- 칼슘, 요오드, 철 등의 무기염류가 많이 포함되어 있어, 혈관경화를 막아 주고, 상용으로 먹으면 치아가 건강해지며 머리털이 윤택해지고, 임신부인 경우에는 태아의 뼈를 튼튼하게 해주는 등 예로부터 기호식품의 하나로서 특히 일본 사람들이 잘 먹는다.
- 상식(常食)하면 혈액을 알카리성으로 전환시키고 세포조직을 강화시킴으로써, 노화를 방지하고 모든 장기의 기능을 활발하게 해준다. 칼슘의 대사가 순조로운 식품이므로 질병에 대한 저항력을 높여줄 뿐만 아니라 장의 유동작용을 활발히 하여 장내의 노폐물을 배설시키므로 변비에도 좋다.
- 톳에 들어 있는 점질물은 창자의 소화 운동을 높여주는 중요한 작용을 한다.
- 보릿고개가 존재했을 당시 톳밥 등을 지어 구황식품으로 이용하기도 하였다. 사슴꼬리와 유사하다고 하여 녹미채(鹿尾菜)라 부르기도 한다.

13 장
유지류

13-1 지질의 일반

C(탄소), H(수소), O(산소)의 화합물로 지방산과 글리세롤의 에스테르 결합 물질로 지방산에 따라 지방의 종류가 달라진다.

(1) 지질(지방질, Lipids)

- 물 불용성 : 소수성(친유성)
- 유기용매에 녹음 : 비극성
- 탄화수소에 의한 긴사슬 : acyl moieties
- 생물체에 존재 또는 기원

(2) Fats and oils(脂肪, 油脂, 기름)

- 중성지질이 주성분
- 지질을 어느 정도 精製한 것
- oil(실온에서 액체상태) : 콩기름, 면실유
- fat(실온에서 반고체상태) : 쇠기름, 버터

13-2 지질과 유지의 종류

1) 지질의 종류

(1) Bloor에 따른 분류

① 단순지질 : fats, waxes, cholesterolester

② 복합지질 : phospholipids, glycolipids, sulfo-lipids, lipoproteins

③ 유도지질 : fatty acids, alcohols, 지용성 비타민, sterols, 지용성색소, hydrocarbons, etc

(2) 비누화 반응의 결과에 따라

① 비누화물(또는 검화물)

- 중성지질
- 인지질, 당지질
- 왁스
- 스테롤

② 非비누화물 (또는 불검화물)

- fatty acids : 유리상태의 것들
- isoprenoidal lipids : sterols, carotenoids, terpenoids
- tocopherols등의 지용성 비타민
- 지용성인 색소 : chlorophylls, carotenoids
- 고급 알코올(free form)
- 기타의 hydrocarbon과 유도체들

(3) 지질의 polarity (極性)에 따라

① 중성지질

- 지방산(〉C_{12})
- 중성지질
- 스테롤
- 카로티노이드
- 왁스
- 토코페롤(redox lipids, quinone lipids)

② 극성지질

- glycerophospholipid
- glyceroglycolipid
- sphingophospholipid
- sphingoglycerolipid

2) 油脂의 종류

(1) source에 따라

① 植物油脂(vegetable oils)

- seed oils
- fruit pulp oils
- fruit coat oils

② 動物油脂(animal fats)

- 유지방
- deposit fats : beef tallow, sheep tallow, lard, goose fat, etc.

③ marine oils

- marine mammal oils
- fish oils

(2) acyl glycerol의 특성에 따라

① lauric acids : coconut, 땅콩, 팜유, 불포화지방산이 적고 lauric acid가 40% 이상

② vegetable butters : cocoa butter

③ oleic-linoleic acids : vegetable oils, 포화지방산 20%이하

예) 참기름, 옥수수, 땅콩, 올리브...

④ linolenic acids:ahen 건성유, 페인트, 왁스의 원료로 사용, 대두유, 아마인유

(3) 대체유지

① modified fat : interesterified fat, etc.

예) medium chain triglyceride + PUFA → structured fat

② 대체 유지 : protein계, 合成品, carbohydrate계

13-3 유지의 일반적인 성질

(1) 유지의 구성

유지는 형태적으로 액체인 기름(대두유, 면실유, 참기름 등)과 고체인 지방(쇠기름, 돼지기름, 버터 등)이 있으며 가수분해되면 글리세롤과 지방산으로 구성 된다.

※ 글리세롤 : 3개의 수산기(-OH)를 가진 알코올

지방산 : 카르복실기(-COOH)를 가진 유기산

(2) 물리적 성질

- 비중(0.9-0.96), 융점, 가소성, 굴절률, 발연점

(3) 화학적 성질

① 요오드가 : 100g의 유지가 흡수하는 요오드의 g수로 불포화수가 클수록 요오드가는 높다.

- 130이상 : 건성유 - 해바라기유, 아마인유, 간유, 호도유, 잣유
- 130~80 : 반건성유 - 참기름, 면실유, 대두유, 채종유, 쌀겨유, 목화씨
- 80이하 : 불건성유 - 피마자유, 버터, 쇠기름, 돼지기름, 땅콩기름, 올리브유, 피마자유, 동백유

② 검화 : 비누화 과정(saponification)

에스테르류를 알코올과 산 또는 염으로 가수분해 시키는 반응으로 폐식용유처럼 유리지방산이 많을수록 좋다.

$$\text{유지} + \text{알칼리(KOH, NaOH)} \xrightarrow{\text{가수분해}} \text{비누} + \text{글리세롤}$$

③ 산가(acid value): 유리지방산을 중화하는데 필요한 KOH 의 mg수로 표시

(4) 종류

참깨, 들깨, 옥수수, 올리브, 해바라기, 땅콩, 유채, 코코넛, 오일팜, 카카오, 목화, 미강

13-4 가공 식용유지 제품

(1) 유지 채취법 : 압착법, 추출법, 용출법

① 압착법 : 식물질 원료의 착유에 쓰이는데 원료에 기계적인 압력을 가하여 기름을 짜는 방법

② 추출법 : 원료를 휘발성인 용제에 담그고 유지를 용제에 녹여서 그 용제를 휘발시켜 유지를 채취하는 방법

③ 용출법 : 동물질 원료를 처리할 때 쓰이는데 가열시켜 유지를 녹아 나오게 하는 방법

(2) 샐러드 기름

튀김기름보다 더 정제하여 사용한다.

(3) 유지의 정제

① 물리적 정제 : 침전, 여과, 원심분리

② 화학적 정제 : 탈검(lecithin제거), 탈산(알카리로 중화), 탈색(카로티노이드, 클로로필 제거), 탈취(가열증기, 이산화탄소, 수소, 질소를 이용)

(4) 가공유지(경화유) 제조원리

① 불포화지방산에 수소 첨가 ← 촉매제 : 니켈, 백금

② 제품 : 마가린, 쇼트닝

(5) 마가린 제조

- 유지 + 레시틴(유화제)

→ 소금, 비타민, 착색제(베타카로틴)로 25-35℃로 유화

→ 방향성분 첨가

(6) 쇼트닝

정제한 유지를 급냉하여 가공한 크림상태 또는 고형상태의 가소성 유지

13-5 지방질과 식품의 풍미

(1) 물리적 영향

- 구강촉감(Mouth feeling)

(2) 산패취(Rancidity flavor)

- 가열분해 화합물
- off flavor : 유지의 酸敗臭

(3) 변향(Flavor reversion)

- 풀냄새 : 낮은 peroxide value일 때
- 酸敗와는 區分, 산패 직전에 發生
- linolate가 원인물질 - 18:3은 catalyst

$$\text{linolate} \xrightarrow{O_2} \text{2-n-pentylfuran}$$

13-6 대체유지

(1) 대체(유사) 유지

- 가공매체로서의 지방의 역할을 대신할 수 있는 新素材
- 지방에 의한 불필요한 열량섭취 문제의 해결 방안
- 지방의 맛과 유사한 특성을 지닌 탄수화물 또는 단백질 응용
- 지방의 지방산 조성을 조절한 제품

(2) Carbohydrate fat mimetics

- modified starches, gum, hemicellulose, cellulose 등이 부분적으로 응용
- Avicel, Oatrim, Kelcogel, Stellar, Slendid 등의 상품
- 저열량 또는 무열량
- 주로 식품의 texture(fat sensations)조정을 모방

(3) Protein fat mimetics

- oil-in-water 유화에서 지방의 역할을 대치
- 일부 fat sensations 대치
- frying 등의 고열 매체로는 적합치 않음(이용상의 제한 요소)
- Simplesse, Trailblazer, Lita, 등의 상품

(4) 지방산 관련 fat substitutes(structured fats)

- 일부 지방산은 단위동물에서는 완전 대사가 안되므로 칼로리가 낮음
- Salatrim : 5kcal/g 정도의 저열량, nutritonal lebles에서 인정이 안된 상태
- medium chain triacylglycerols(MCTs) - C_6-C_{12}의 지방산, 열량은 약 8.3kcal/g
- Caprenin : 5kcal/g의 열량, caprylic(C_6)+capric(C_{10})+behenic acid(C_{22})
- Polydextrose(Litesse) : randomly polymerizing glucose(min. 90%)+sorbitol(max. 2%)+citric acid, mol. wt.; below 22,000,calorie; 1kcal/g
- Olestra (a frying fat, non digestible, no calorie) : sucrose polyester with 6 to 8 fatty acids from soybean, corn, cottonseed, sunflower

13-7 달맞이꽃 종자유

- 한방에서 뿌리를 월견초(月見草)라는 약재로 쓰는데, 감기로 열이 높고 인후염이 있을 때 물에 넣고 달여서 복용하고, 종자를 월견자(月見子)라고 하여 고지혈증에 사용한다. 꽃말은 "기다림" 이다.
- 달맞이꽃 종자유에 들어있는 감마 리놀렌산이라는 불포화 지방산은 프로스타글란딘이라는 생리적 활성물질의 모체가 된다.
- 달맞이꽃 종자유는 콜레스테롤의 양을 크게 떨어뜨려 심근경색이나 동맥경화, 고혈압, 협심증 등 순환기계 장애나 심경질환이 개선된다.
- 달맞이 종자 기름은 부작용이 없이 살을 뺄 수 있고, 류머티스성 관절염, 월경불순, 알코올중독, 아토피성피부염, 당뇨 및 비만 등에 효능이 크다.
- 영양성분 함량 : 총지지량이 24.6%, 감마 리놀렌산 8.9%, 리놀렌산 75.4%

※ 프로스타그란딘

프로스타글란딘이 인체에서 하는 생리작용은 혈관의 수축과 확장, 기관지 근육의 수축과 이완, 위액 분비의 억제, 자궁근육 수축, 수분 배설, 혈소관 응집의 유도 또는 저해 등이다.

일반 식용유에 많이 들어 있는 불포화 지방산 중에서 프로스타글란딘을 잘 만드는 감마 리놀렌산이 달맞이꽃 종자 기름에 많이 들어있다.

14 장

식품첨가물과 조미재료

14-1 식품첨가물

(1) 식품첨가물의 정의

- 넓은 뜻 : intentional additives(direct additives)와 unintensional additives(contaminants)
- 좁은 뜻 : intentional additives(direct additives), 식품공업에서 필요에 따라 활용되는 것, food additives는 법적으로 허용된 것- 허용조건(사용량, 식품) 명시
- FAO/WHO(1973)의 JECFA, 우리나라 식품 위생법 1장2조 2항(1961)

  ① 식품의 제조, 가공 또는 보존을 위하여 사용

  ② 첨가, 침윤, 혼합, 훈증의 방법으로 사용되는 천연물 또는 합성품

(2) 식품 첨가물의 필요성

① food appeal 확대

② shelf life 연장

③ processing 조건 향상

④ 영양가치 증대

⑤ 소비자의 특수 요구 충족

⑥ 기타

(3) 식품 첨가물의 지정

① 보건복지부장관이 지정

② 구비 조건

ⓐ safety 확보

ⓑ 식품에 대한 有效性

ⓒ 化學名과 제조방법

ⓓ 理化學的 시험방법 → purity

ⓔ 毒性시험 → impurities에 의한 가능성 → 규격설정 → 식품포장

에 표시

(4) 식품첨가물의 종류

- 합성품과 천연물
- 식품공학적 기능에 따른 분류

(5) 식품첨가물의 안전성

- 원칙적으로 無毒해야 함 : 대부분 다소 有毒 (∴사용량 제한)
- 허용과 금지
- 허용량 : 毒性의 가능성, 축적에 의한 만성중독 고려.
  ① MNL(최대 안전량, maximum no effect level, mg/kg/day)
  ② ADI(하루섭취 허용량, acceptable daily intake) : MNL/안전계수
- JECFA(joint FAO/WHO expert commitee on food additives) list
- GRAS(generally recognized as safe) 品目
- 독성 가능성이 큰 첨가물들(過量 또는 사용제한규정을 어겼을 때)
  - antioxidants
  - synthetic sweeteners
  - NaCl
  - MSG
  - preservatives
  - surfactants
  - hydrocolloids
  - artificial food colorants
- 우리나라에서 지정(1999. 7.1.)된 식품첨가물
  1. 보존료(preservatuives, antimicrobial agents)
  2. 착색료(coloring matters)
  3. 살균제(bacteriocides)
  4. 산화방지제(antioxidants)
  5. 발색제(color fixatives)
  6. 표백제(bleaching agents)
  7. 밀가루 개량제(maturing agents)
  8. 유화제(emulsifier)

9. 호료(gelling agents)
10. 소포제(defoaming agents)
11. 착향료(flavoring agents)
12. 강화제(dietary supplements)
13. 껌 기초제(chewing gum bases)
14. 피막제(coating agents)
15. 조미료(seasonings)
16. 팽창제(leaving agents, blowning agents)
17. 용제(solvents)
18. 추출제(extracting agents)
19. 이형제(release agents)
20. 기타

14-2 조미재료

(1) flavorings, 香味料

식품의 조리·가공 과정이나 식탁에서 음식의 맛 (flavor)을 증진시킬 목적으로 사용하는 모든 것

- 종류
  - 강한 향기 또는 맛을 지녀 직접 조미료로 활용되는 개념
  - 다른 재료들과 혼합, 조리과정에서 2차 적으로 香味를 나타내는 개념
  - 香辛料, 香菜類, 甘味料, 소금, 食醋

(2) Condiment(조미료에 가까운 개념)

① 수종의 spices(또는 spice extracts)를 혼합, 조제

② 조리된 음식에 첨가, 香味 증진

③ celery salt, garlic salt, onion salt, prepared mustard, tomato catsup, chilly sauce, mango chutney, etc.

(3) Sauces

① hot or cold liquid or semi-liquid products

② 식품의 appearance, aroma, flavor 또는 texture를 improve하여 음식의 acceptance를 증진

③ salad dressing, dessert & fruit source, vegetable sources, poultry sources, meat sources, seafood sources, gravies, etc.

(4) Seasonings

① 1종 이상의 spice를 포함, 조리 · 가공 시에 첨가하여 음식의 natural flavor 증진

② Frankfurter, Balogna 등의 meat seasoning

(5) 발효조미료

① 우리나라를 비롯한 동양에서 발전

② 서양의 seasonings에 가까운 개념

③ 간장, 된장, 고추장, 젖(깔)

(6) 양념(藥廉)

- 의미
  - · 마늘, 생강 등의 辛味를 주로 하는 香菜들을 잘게 썰거나 다진 것
  - · 간장, 기름은 포함치 않음
  - · 현재는 spices, condiments, seasonings을 모두 합한 개념.

14-3 감미료

1) Sucrose(saccharose)

〈출처에 따른 종류〉

① cane sugar(from sugar cane) : 전체의 62%이상

② beet sugar(from sugar beet, Beta vulgaris)

③ 기타 date sugar(from date palm), palm sugar(from various palm sp.), maple sugar(from maple tree, Acer saccharum), sorghum, sugar(from sugar sorghum, Sorghum dochna)

〈설탕의 순도에 따른 등급〉

raffinade(100% sucrose), white, consumer's berry, raw or yellow sugar(약 96%)

〈granulation의 정도나 crystal size에 따라〉

icing, crystal, berry & candy sugar, cube and cone sugar

〈molasses(糖蜜)〉 : 製糖 副産物

① from sugar beet : 60% sucrose, 40%(기타의 당, organic acids, 무기염, aa 특히 glutamic acid 유도체, betanin 등)

② 발효원료 : 아미노산, 알코올, 유기산, baker's yeast, 등

〈invert sugar(轉化糖)〉

설탕을 가수분해하여 얻은 포도당과 과당의 등량 혼합물이다. 천연에서는 과일과 꿀에서 발견되고 인공적으로는 식품산업에서의 제과 · 제빵의 용도를 위해 생산된다. 전화당에는 과당이 있어 원래의 설탕보다 단맛이 강하여 식품에 널리 사용되고 있다.

2) 설탕 외의 mono- & disaccharides

포도당, 엿당, 유당, 과당

3) 당 알코올

sorbitol, xylitol, mannitol, maltitol, isomaltitol, lactitol

4) 전분 분해물

① 엿 : 전분 시럽 (glucose and/or maltose syrup)

② 건조 전분 시럽

③ 포도당 (dextrose)

④ 고 과당시럽 (HFCS)

5) 벌꿀

- 주로 전화당의 농축 수용액
- 탄수화물 : 과당 (38%), 포도당 (31%), 올리고당
- 효소 : 당 분해 효소가 많음(α-glucosidase, invertase 등)
- 아미노산 : 100mg/100g - proline (50~85%)
- 유기산: gluconic acid 함량이 높음
- 방향성물질 : esters 화합물m 알데히드, 케톤, 알코올
- 페놀화합물
    - · phenylacetic acid - 벌꿀향
    - · phenylpropanoids & flavonoids - 항산화효과
- 색소 : 페놀화합물과 비료소적 갈변화합물
- 독소성분

6) 인공감미료

7) 새로운 (대체) 甘味材料

- Stevia(*Stevia rebaudiana*의 잎) : stevioside(6% 함유, sweetness = 300)
- *Polypodium vulgare*의 根莖 : osladin(sweetness = 3000)
- 甘草, *Glycyrrhiza ularensis* : glycyrrhizin(fsac = 50)
- *Perilla nankinensis* : perillaldehyde(an oximes, fsac-~2000, solu-

bility ↓)

- *Lippia dulcis*(Verbenaceae)-(+)-hernandulcin(a sesquiterpene, fsac=1250)
- *Dioscoreophyllum cumminsii*의 과일 : monellin(a sweet protein, fsac=3000)
- *Thaumatococcus daniellii* : thaumatin I & II(a sweet protein, fsac=~2000)

14-4 동물성 조미재료

"젖 (깔)과 건조 해산물"

14-5 착색료로 활용되는 재료

- 착색료 : 인공 착색료, natural pigments(어느 정도 정제된 것), 천연 재료의 즙이나 물 추출물
- 잇꽃, *Carthamus tinctorius, cathamone*
- grape skin(포도껍질), anthocyanin, 색소 추출물이 enocianin 등의 이름으로 상품화

- red beet(사탕무), betanin(a betacyanin) : betalain계 붉은 색소, beet red®의 원료
- elderberry juice concentrates, anthocyanin
- strawberry juice conc., anthocyanin
- 울금(Curcuma longa), curcumin
- cranberry juice conc., anthocyanin
- tomato juice, lycopene(a carotenoidal pigment)
- 쑥(Artemisia sp.), chlorophyll
- 참깨(흑색 종, Sesamum indicum)
- 치자(치자나무, Gardenia jasminoides의 열매), crocin
- 紫根(지치, Lithospermum erythrorhizon의 뿌리), shikonin
- 팥(Phaseolus angularis), anthocyanins
- 오미자(Schizandra chinensis), anthocyanins
- 당근(Daucus carrota)

※ 우리나라 식품첨가물 공전에 수재된 천연 착색료

감색소	카카오색소	자주색옥수수색소	클로로필
고량색소	코치닐추출색소	차추출물	포도과즙색소
락색소	콘색소	누리장나무색소	피칸너트색소
비트레드	타마린드 색소	땅콩색소	파피아색소
스피룰리나청색소	파프리카 추출색소	무궁화색소	토마토색소
심황색소(Curcumin)	포도과피추출색소	백단향색소	가재색소
안나토색소	홍국적색소	사프란색소	김색소
올레오레진캡시컴	홍국황색소	시아너트색소	크릴색소
적양배추색소	홍화적색소	양파색소	적무색소
치자적색소	홍화황색소	자주색고구마색소	마리골드색소
치자청색소	알팔파추출색소	자주색참마색소	베리류색소
치자황색소	오징어먹물색소	차즈기색소	
카라멜색소	자몽종자추출물	카로틴	

14-6 소금

- 인류의 조미료 중 가장 역사가 오래됐다.
- 몸 안의 전해질(電解質)균형을 이루는데 필수적인 이것은 음식을 오래 보존하는데도 유용하다. 회분 99.9%, 수분 0.1%인 소금이다.
- 세계보건기구(WHO)는 소금을 하루 6g(1.25 차숫가락) 이하 섭취할 것을 권한다. 신체기능을 정상적으로 유지하기 위해 꼭 필요한 소금량은 하루 1.3g(1/4 차숫가락)에 불과하다.
- 소금을 너무 많이 먹으면 고혈압 발생 위험이 커진다. 심장병, 뇌졸중, 신장질환 등과 관련-소금을 덜 먹는 에스키모인은 고혈압에 잘 걸리지 않는다. 한국인의 소금 섭취량은 세계 최고 수준. 하루 1인당 15~20g이나 먹는 것으로 추정된다. 남쪽 지방 사람들은 북쪽보다 더 짜게 먹는 것으로 알려져 있다.
- 영양성분 함량 : 수분 0.1%, 회분 99.9g, 칼슘 30mg.

※ 소금과 건강

한국인의 하루 소금 섭취량은 15~20g! 세계보건기구(WHO)가 권고한 적정 섭취량 6g 보다 최고 3배 이상 높은 수치이다. 소금의 과다 섭취는 고혈압을 유발시키거나 위암의 발병 원인이 되기도 한다. 칼국수와 라면에 다량의 소금이 함유.

14-7 마늘

(1) 마늘의 일반

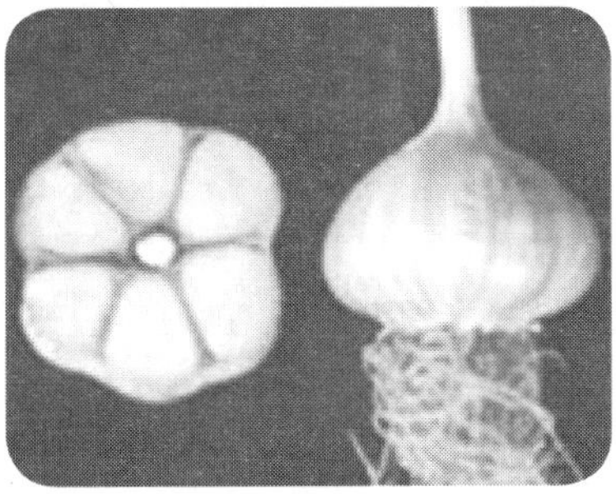

- 백합목 백합과의 여러 해 살이 풀.
- 수염뿌리는 얕게 뻗고 줄기 끝에 비늘줄기를 형성한다.

  비늘줄기는 연한 갈색의 껍질 같은 잎으로 싸여 있으며, 안쪽에 5~6개의 작은 비늘줄기가 들어 있다. 꽃줄기는 높이 60㎝로 3~4개의 잎이 어긋나며 잎 밑부분이 잎집으로 되어 서로 감싼다.
- 마늘은 고대 이집트의 피라미드 비문에도 남아 있을 정도로 스테미나를 강화하는 강력한 강정제다. 최근에는 혈액순환 개선, 정력증진, 피로회복 등에 효능을 내는 의약품 또는 건강보조식품으로 널리 사용되고 있다. 서구인들은 마늘의 효과는 인정하면서도 특유의 자극적인 냄새 때문에 약이나 건강식품으로 먹기를 선호한다.

(2) 마늘의 특성

- 마늘에 들어있는 성분은 대개 황화합물. 이 때문에 특유의 냄새가 나고 항산화작용으로 세포노화와 암발생을 예방하는 효과를 기대할 수 있다. 쥐를 이용한 동물 실험결과 정자를 증식하고 음경해면체 혈관의 확장을 유도해 발기를 촉진시키는 것으로 나타난 바 있다.
- 혈액순환촉진 효과도 뛰어나다. 마늘은 성질이 뜨거워 신체 구석구석을 따뜻하게 해주고 말초혈관을 확장시켜 혈압을 내려준다. 따라서 손발이 찬 사람이 먹으면 좋다. 마늘즙은 특히 혈중 콜레스테롤치를 내려 동맥경화를 예방한다. 또 마늘의 지용성 성분이 혈당과 지질을 낮춰 당뇨치료에 도움이 된다는 연구도 있다.
- 마늘에는 당질이 19.3%, 지질 0.1%, 무기질 0.5%, 들어 있는데 당질의 대부분이 과당이다. 비타민 B1, B2, C도 풍부하고, 무기질로는 칼슘, 철분, 유황 등이 많다.

- 마늘에 들어있는 톡 쏘는 맛을 내는 알리신은 전립선암과 방광암을 예방하고 치료하는 데 큰 효과가 있다.
- 마늘이 심장에 혈액을 공급하는 관상동맥의 혈전 형성을 억제하거나 혈전을 감소시키는 한편, 심장마비를 일으키는 커다란 위험요인인 혈중 호모시스테인 수치를 내리게 하는 효과가 있는 것으로 나타났다.

※ 마늘짱아찌

[재료]

통마늘 3통, 식초 1컵, 설탕 1/2컵, 간장 1/2컵, 물 1/2컵

[만드는 법]

① 깐 마늘이 잠길 정도의 물의 분량에 식초를 넣어서 1의 그릇에 붓고 뚜껑을 덮어 3일정도 저장한다.

② 냄비에 간장, 물을 넣고 끓인 뒤 완전히 식힌다.

③ 마늘을 저장한 그릇에서 식초물을 따라내고 ①의 조미간장을 부어 저장.

④ 저장 도중에 간장물을 다시끓여 식힌 후 붓는 과정을 2-3회 반복해도 된다.

⑤ 맛이 들면 꺼내서 그릇에 담는다.

※ 초여름의 어린마늘로 장아찌를 담그는 것이 보통인데, 만일 묵은 마늘로 담글 경우 마늘을 까서 식초에 더 오래 담가 매운맛을 충분히 뺀 다음 조리하도록 한다.

14-8 생강

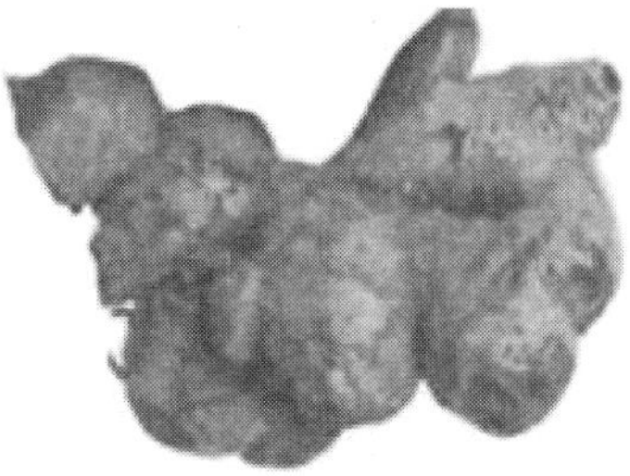

- 영양성분 함량 : 수분 81.7%, 단백질 2.2g, 탄수화물 14.3g, 칼슘 20mg, 인 14mg, 비타민 C 5mg.
- 땀을 내어 풍한을 없애고 비위를 데워주며 구토를 멈추게 하고 생강의 매운맛 성분은 말초성 욕지기(토할 것 같은 메슥메슥한 느낌)를, 방향(좋은 향기)성 성분은 중추성 욕지기를 멎게 한다.
- 위액이 잘 나오게 하고 장에서의 영양 흡수를 돕고 입맛을 돋운다. 생강의 매운 맛인 진저롤, 쇼가올이 중추신경계를 진정시키고 위 등 소화기관을 편안하게 해주기 때문이다. 게다가 생강은 멀미약과는 달리 졸림도 없다.
- 재채기가 나고 오한이 나면 생강을 갈아 소주잔으로 2잔 정도 양에 생강을 갈아 섞은 다음, 뜨거운 물을 부어 식기 전에 마시면 발한과 이뇨 작용이 촉진되어 이튿날 아침에 거뜬해진다.

※ 겨울 보약 생강

감기뿐만 아니라 위 보호, 소화기관 강화, 혈액순환, 두통, 수분조절, 붓기를 빼는 데까지. 생강은 다양한 효능의 대명사이다.

※ 수정과

[재료]

곶감 10개, 생강 50g, 잣1작은술, 통계피 50g, 통후추1스푼, 설탕 반컵, 물 10컵

[만드는 법]

ⓐ 곶감은 씨를 빼고 손질하여 둔다.

ⓑ 생강은 껍질을 벗겨 씻고 얇게 저민다.

ⓒ 저민 생강, 통계피, 통후추를 물에 넣고 끓여 받친 다음 설

탕을 넣고 다시 한 번 끓인 다음 식혀 둔다.

ⓓ 재료를 끓인 물에 손질한 곶감을 넣어 하룻밤 정도 재워 둔다.

ⓔ 먹을 때 수정과에 잣을 띄운다.

14-9 고추

- 밭에서 재배하는 작물로 높이 약 60cm로 풀 전체에 털이 약간 난다.
- 열매는 수분이 적은 원뿔 모양 장과로 8~10월에 익는다.
- 붉게 익은 열매는 말려서 향신료로 쓰고 관상용, 약용(중풍, 신경통, 동상)으로도 쓴다.
- 잎은 나물로 먹고 풋고추는 조려서 반찬으로 하거나 부각으로 만들어 먹는다.
- 고추의 매운맛은 캅사이신($C_{18}H_{27}O_3N$)이라고 하는 염기 성분 때문이며 붉은 색소의 성분은 주로 캅산틴이다.
- 영양적으로는 비타민A, C가 풍부하다. 특히 비타민C는 사과의 40배, 귤의 2배에 달한다. 특히 고추의 비타민C는 캡사이신 덕분에 쉽게 산화되지 않기 때문에 조리하는 동안에도 손실이 적다.
- 고추의 빨간 빛갈은 캡산친이라는 성분이고 매운맛은 캡사이신이라는 성분인데 0.2~0.4% 정도 들어있는 데 매운 맛이 강하게 나타난다.
- 영양성분 함량 : 단백질 1.3g, 탄수화물 6.4g, 칼슘 13mg, 인 32mg, 철 1.0mg, 비타민 A 1151I.U. B1 0.09mg, B2 0.20mg, C 84mg.

14-10 양파

(1) 양파의 특성

- 백합과에 속하는 두해살이풀, 주먹파라고도 한다.
- 지하부의 비대한 비늘줄기를 식용으로 하는 채소의 하나이다.
- 양파의 성분은 당분과 유황성분인데 당질로는 포도당, 설탕, 과당, 맥아당 등이 많아 단맛이 있고, 텍스트린, 만닛 등이 들어 있다.
- 날 양파의 향기 성분은 황하수소, 메르캅탄, 디설파이드류, 트리설파이드류, 알데히드 등 매우 복잡한 성분으로 되어 있다. 이들 성분은 대부분이 휘발성이며 그 성분이 유황화합물이다.
- 양파는 지질의 함량이 적으며 채소로서는 단백질이 많으며, 칼슘과 철분의 함량이 많아 강장효과를 돋우며, 칼슘은 인체 내에서 신경의 진정작용이 있고 지구력을 길러주는 중요한 무기질이다.
- 향기성분의 하나인 황화아릴은 양파를 짓찧으면 알리나제라는 효소의 작용으로 가수분해되어 알리신이라는 물질로 된다. 이 알리신은 비타민 B1과 결합해서 알리티아민으로 변하게 된다. 이 알리티아민은 장내 세균에 의해서도 파괴되지 않고 흡수가 잘 되게 하므로 지속성 비타민 B1이라고도 한다.
- 양파에는 색소 성분으로 퀘르세틴이라는 성분이 들어 있는데 이 성분은 지질의 산패를 막아주며, 고혈압 예방 효과도 있다.
- 생선 등을 튀기고 난 기름으로 다른 식품을 튀기면 비린내가 잘 가시지 않는데 그런 때에 양파 몇 쪽을 튀겨 내면 비린내가 감쪽같이 없어진다. 튀김이 끝난 기름을 보관하면 산파하기 쉬운데 양파를 튀기고 식혀서 보관하면 산화를 더디게 한다.

※ 양파와 한방

양파를 먹으면 혈전이 용해된다. 동의보감에서는 양파를 산총이라고 하면서 오장의 기에 모두 이롭다고 했다. 즉, 양파가 모든 내장에 에너지를 공급한다는 뜻이다. 또한 양파는 고혈압과 동맥경화에도 효과가 있으며 콜레스테롤치가 높아져 동맥경화가 진행되었을 때는 양파가 큰 도움을 준다. 양파에는 시스틴 유도체가 풍부한데, 이것이 혈관의 내벽이나 혈액에 작용해서 혈전을 용해시키고 혈액순환을 원활하게 해 준다. 그래서 동의보감에서는 양파를 동맥경화증의 치료제로 명시하고 있다.

※ 양파 짱아찌

[재료]

양파 10개, 간장 1컵, 식초 4컵, 설탕 1컵, 소금 1/2컵, 마른 붉은고추 3개

[만드는 법]

① 양파는 단단하고 중간 크기로 선택하여 겉껍질을 벗기고 뿌리를 다듬어 깨끗이 씻어 물기 없이 준비한다.

② 냄비에 간장, 식초, 설탕, 소금을 함께 넣고 한번 끓여서 식힌다.

③ 항아리나 유리병에 물기가 없게 해서 준비해 놓은 양파를 넣고 붉은 고추 말린 것을 깨끗이 닦아 넣는다.

④ 끓여서 식힌 양념을 부어 뚜껑을 덮어 볕이 들지 않는 곳에서 보관한다. 일주일 후면 먹을 수 는데, 이때 국물을 따라내어 다시 끓인 다음 식혀서 붓도록 한다. 그리고 먹을 때마다 물기가 없는 나무젓가락으로 꺼내 썰어 그릇에 담아낸다. 경우에 따라 식성에 맞는 양념(파, 마늘, 깨소금, 고춧가루 등)을 하여 무쳐 먹기도 한다.

15 장

향신료

15-1 향신료 일반

(1) 의미

영어로 스파이스(spice)라 하며, 스파이스라는 말의 어원은 라틴어로 '약품'이 라는 뜻인데, 한국어의 '양념'에 해당, spices & herbs

(2) Spices & herbs

① 비교적 강한 향기(aroma)를 지니는 식물의 각종 부위(꽃, 과일, 종자, 뿌리, 잎, 수피, 싹, 등)를 말린 것

② spices : 주로 나무의 열매를 말린 것

③ herbs : 주로 입이나 전초를 말린 것

④ 이용형태 : 전초, 분쇄한 것, 가루로 한 것

(3) 이용

① 식품에 향미를 부여하거나 양념/sauce 등의 재료로 이용
  cf) 향채(香菜)는 향신료로 취급하지 않음(양파, 마늘, 등)

② 육식문화권에서 다양하게 이용 : 육류 특유의 냄새 masking, 저장성 우수

(4) 활성

① 대부분 antimicrobial activity 지님

② 항산화력을 지니는 재료도 많음 : carnosolic acid와 carnosol, 등(sage, rosemary)

③ 향신료는 모두 천연보존제 임

④ 소화촉진, 진통, 해열, 항염 효과 등 다양한 약리작용

15-2 일반적인 특성과 종류

- 향미의 성질에 따라 : 辛味性, 芳香性
- 용도에 따라 : 香味料, 着色性 香味料
- 형태(식물부위)에 따라 : 種子, 香草 (全草), 果實, 꽃, 樹皮, 根

15-3 향신료의 분류

분 류	종 류
향기가 강한 향신료	올스파이스(allspice), 정향(clove), 메이스(maice), 계피(cinnamon), 아니스(anise), 고수(coriande), 캐러워이(caraway), 너트메그(nutmeg), 딜(dill)
매운 향미 재료	후추(pepper), 겨자(mustard), 와사비(wasabi), 칠리고추(chili), 계피(cinnamon)
향미를 얻기 위한 재료	정향(clover), 너트메그(nutmeg), 메이스(maice), 커민(cumin), 아니스(anise), 갈릭(garlic)
냄새제거를 위한 재료	월계수잎(bay leaf), 세이지(sage), 로즈마리(rosemary), 타임(thyme), 오레가노(oregano)
색을 얻기 위한 재료	파프리카(paprika), 심황(tumeric), 사프란(saffron), 파슬리(pasley)

15-4 향신료의 성분

(1) 향신료의 composition

- 일반성분
- 방향성 물질 : 함량이 높음
- 매운 맛 성분

(2) 방향성 성분

- monoterpenes
  - · acyclics : myrcene, linalool, geraniol, 등
  - · monocyclics : linonene, α-terpinene, 1,4-cineol, menthol, 등
  - · bicyclics : thujone, ρ-pinene, camphor, 등
- sesequiterpenes
  - · acyclics : trans-α-farnesene, farnesol, 등
  - · monocyclics : (-)-zingiberene, humulene, 등
  - · bicyclics : β-cadinene, β-caryophyllene, 등
- phenols & phenolethers : 대부분 phenylalanine에서 유도되거나 terpene의 산화로 생성(eugenol, thymol, anethol, myristicin, cinnamaldehyde 등)
- pyrazines : 고추의 2-isobutyl-3-methoxy pyrazine, 등

(3) character impact components of spices

- essential oil의 주성분
- cinnamon : cinnamaldehyde
- anise : anethol
- caraway : *d*-carvone
- cloves : eugenol
- parsley : ρ-mentha-1,3,8-triene, 1-methyl-4-isopropylbenzene

- curcuma : tumerone, ar-tumerone

(4) pungent flavor(또는 hot flavor, 辛味)와 관계있는 물질들

- acid amide 또는 guaiacols : 고추의 capsicine, 후추의 piperine, 생강의 gingerol 등, 산초의 sanshool Ⅰ & Ⅱ
- glucosinolates
- curcumin : 황색 색소로도 취급
- 마늘, 양파류의 alkylthiosulfonates

15-5 후추

- 후추과에 속하는 열대성 관목이 후추나무이다.
- 후추의 성분은 당질이 주체로서 약 10%의 단백질, 약 6%의 지방질을 포함한다. - 흑후추에는 철이 20.0mg%, 매운맛 성분은 차비신(Chavicine)으로 1~3% 포함 되어 있다.
- 후추는 향신료로서 향기나 맛을 띠게 하는 이외에 드레싱에 사용하면 기름의 산화를 억제시키는 효과도 가져온다. 또한 후추는 그 향기가 생명임으로 밀봉 저장하고, 사용할 때마다 분쇄하여 먹는다.
- 후추는 보통 1~3%의 휘발성유를 함유하며 특유한 향기를 갖는데 휘발성분유의 성분은 피넨페란드렌, 피페로날 등이 주성분이고, 매운맛은 피페린, 샤비신, 피페리딘 등이다.
- 영양성분 함량 : 단백질 12.4g, 지질 7.1g, 탄수화물 63.6g, 회분 5.5g, 칼슘 141mg, 인 332mg, 철 10.6mg, 비타민 B1 0.20mg, B2 0.25mg.

15-6 겨자

- 밭에서 재배하는 1년초 또는 월년초, 키 1~2m.
- 동양 종 겨자씨는 향기와 매운맛이 차차 약해지는 반면 서양 겨자는 오랫동안 보존 할 수가 있다.
- 겨자의 매운 성분 중 중요한 것은 알킬이소시아네이트라는 물질의 성분은 겨자씨 안에 들어 있는 시니그린(흑겨자 성분)과 시날빈(백겨자 성분)과 같은 유황 배당 체에 미로시나제라는 효소가 작용해서 만들어지는 것이다. 백겨자는 매운 맛이 적으므로 흑겨자와 섞어 쓴다.

15-7 고추냉이

- 신미 성분인 allylisothiocyanate가 0.8% 이상 들어 있다.
- 향신료 : 생선비린내와 독성을 제거하므로 생선을 먹을 때 와사비로 이용된다.
- 어린잎을 나물, 김치, 채소, 쌈으로 사용한다.
- 잎은 소화력과 식욕을 촉진시키고 방부 항균작용을 한다.

고추냉이

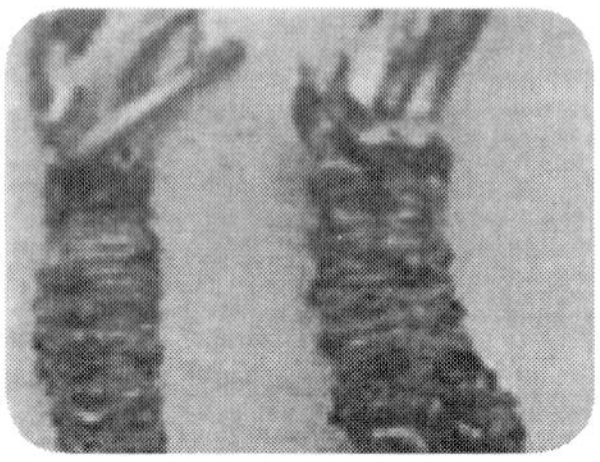

고추냉이(뿌리)

16장 기호식품재료

① 기호음료 : 영양학적인 면에서는 큰 의미가 없지만 사람의 기분을 좋게 하거나, 피로회복에 기여 할 수 있음

② 구분 : 알코올성 음료와 비 알코올성 음료

③ 종류 : 茶類, 酒類, 淸凉飮料

16-1 차

(1) 차(茶, tea)

① 차나무과의 Thea sinensis 잎을 말리거나 발효 후 건조한 것 - 녹차와 홍차

② 인도의 Assam 지역(Assam 종)과 중국의 운남성(Chinese 종)

ⓐ 중국 주나라 (B.C.122) 때부터 알려 짐

ⓑ 우리나라는 신라 흥덕왕 (A.D.828년)때 재배 시작

ⓒ 한국, 중국, 일본, 인도, 스리랑카, 러시아, 인도네시아, 케냐 등에서 주로 재배

(2) 차의 種類와 等級

① green tea(綠茶)

ⓐ 신선한 잎을 열처리 후 건조한 것

ⓑ 열처리 방법 : 덖음법과 증제법

ⓒ 산화반응 초기 억제(열처리) : PPO 등 산화효소 불활성화

ⓓ tannin, chlorophyll, vit. C 함량 유지

ⓔ 한국, 일본 애용

② black tea(紅茶)

ⓐ 차 잎을 완전 발효시켜 제조

ⓑ PPO에 의한 산화유발 : polyphenol의 산화물에 의한 향미와 색깔

ⓒ 영국 등 서구에서 애용

③ Oolong tea(烏龍茶)

ⓐ yellow tea : 발효×, 일부 tannin 산화

ⓑ red tea : 부분적 발효, grassy note없음.

ⓒ 중국에서 애용

④ Jasmin tea(=aromatized tea, 香茶)

ⓐ jasmin, orange, rose등의 꽃을 섞어 향이 좋음.

ⓑ 중국 애용

⑤ 차의 등급

ⓐ 어린잎일수록 高級品 "two leaves and the bud" "雀舌茶"

ⓑ 녹차의 등급 : 一番茶(5월 중순), 二番茶(7월 중순), 三番茶(8월 상순)

ⓒ 홍차의 등급: leaf grade, broken-tea, fanning and the fluff from broken/cut leaves, tea dust, brick tea

16-2 Tea-like products

(1) Yunnan tea(雲南茶)

*Thea sinensis*에 *Asp. graucaus*를 접종, 저장 발효

(2) Matě(Paraguayan tea)

- *Ilex paraguariensis*의 엽
- caffeine(0.5 - 1.5%)

(3) Products from cola nut

- *Cola verticillata* 등의 씨(Sterculiaceae)
- west africa
- caffeine(2.16%)

16-3 Coffee

(1) Coffee의 일반

- 형태학적 분류 : 핵과(벚나무, 매실나무, 복숭아나무, 올리브, 체리, 호두나무의 열매)
- 꽃이 지고 열매를 맺어 녹색에서 붉은 색으로 변하는데 이를 체리라 함.(개화 이후 약 30~35주)
- 길이는 아라비카종은 12~18mm, 카네포라종은 8~16mm정도의 길이.
- 꽃이 핀 후 열매가 익는데 걸리는 기간: 아라비카종 6~9개월, 카네포라종 9~11개월
- 커피체리 구조 : 외과피(Skin Exocarp), 중과피(Pulp), 내과피(Parchment), 종피(Silver Skin), 씨앗(Bean) 순
- 과육인 중과피는 연노란색으로 약간 달고 신맛과 특이한 향이 남.
- 일반적으로 두 개가 마주보고 있는데 이를 평두(Flat Bean)
- 가공되지 않은 상태의 빈을 그린 빈(Green Bean)
- 아라비카에는 약 0.5~1.5%, 로부스타는 약 2.0~2.5%의 카페인이 함유.

(2) 커피나무 종류

- *Coffea arabica* : 75% 점유, 에티오피아, 브라질, 과테말라, 콜롬비아, 케냐, 탄자니아
- *Coffea canephora* : 25% 점유, 인도네시아, 앙골라, 우간다
- *Coffea libertica* : 1% 이하, 리베리아, 수리남, 가이아나

(3) 커피의 성분

① 생두와 원두의 성분

- 당단백질, 가용성 탄수화물, 셀룰로스 : (배전) → 단당류(gal,

man, ara, rib)생성

- 서당(생두) : (배전, 전화) → 과당, 설탕
- 단백질 + 단당류(생두) : (배전, maillard 반응) → 갈색물질, 휘발 성분

표 16-1. 생두와 원두의 활성 성분

성 분	Arabica종		Robusta종	
	생원두	배전두 (가공원두)	커피생두	배전두 (가공원두)
다당류	50.0~55.0	24.0~39.0	37.0~47.0	n/a
소당류	6.0~8.0	0~3.5	5.0~7.0	0~3.5
지질	12.0~18.0	14.5~20.0	9.0~13.0	11.0~16.0
단백질	11.0~13.0	13.0~15.0	11.0~13.0	13.5~15.0
클로르제닉산	5.5~8.0	1.2~2.3	7.0~10.0	3.9~4.6
카페인	0.9~1.2	1.0	1.6~2.4	2.0
트리고넬린	1.5~2.0	1.0~1.5	1.5~2.0	1.0~1.5
무기성분	3.0~4.2	3.5~4.5	4.0~4.5	4.6~5.6

※ 커피의 좋은면

미국 식품기술연구소(IFT)의 로저 클레멘스 박사는 지난 30년간 발표된 커피 관련 연구결과들을 보면 커피를 하루 3-5잔 마실 경우 혈당조절을 개선해 제2형(성인)당뇨병 위험을 줄여주는 효과가 있다고 밝힌 것으로 메디컬 뉴스 투데이가 2007. 01. 25일 보도했다. 그는 또한 커피는 이밖에 신장결석, 우울증, 알츠하이머병 등 일부 질환 위험을 낮추어 주는 효과가 있다고 지적했다. 특히 하루 커피 한 잔으로 파킨슨병 위험을 절반으로 줄일 수 있다고 말했다.

16-4 Cocoa & Chocolate

(1) 코코아, cocoa

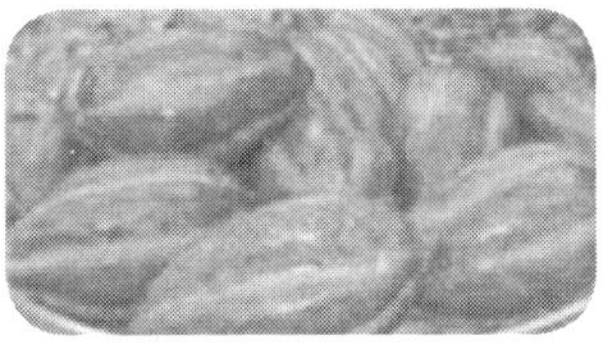

① cacao bean을 가공(발효, 건조, roasting)한 기호음료재료 suspension 상태의 것을 음용

② theobromine, caffeine 등의 stimulating alkaloids 외에 caloric source(지방, 단백질, 탄수화물) 함유

(2) Chocolate

cocoa에 milk와 설탕 그리고 lecithin을 섞어 molding한 것

(3) Cacao bean

① seeds of Theobroma cacao (Sterculiaceae)

② 남미북부 원산, 현재는 적도 20° 남북지역에 야생 또는 재배 : cacao bean과 cacao shell 및 cacao germ을 구분

16-5 술의 종류 및 발효

(1) 술(酒類)

① 당, 전분 또는 dextrin을 함유한 재료를 발효(alcohol fermentation)시켜 만든 음용 식품

② ethanol이 주성분

③ 발효주, 증류주, 희석주, 제제주

④ beer, wine, spirits (whisky, brandy, 소주, 등)

⑤ 원료 : 곡류, 과일, 꿀, 당밀, 우유

16-6 맥주 (Beer)

(1) 맥주의 원료

- 보리(대맥), Hop, 물, 효모

① 보리의 조건: 주로 2조대맥을 사용(Golden melon)

- 보리알의 크기가 균일하고
- 탄수화물 함량이 높고(80% 전후, 전분 55~65%)
- 단백질이 적으며(9.5~11.5%가 적당)
- 껍질이 얇고
- 색깔이 적고 불순물이 적어야

② Hop의 역할 : 맥주의 맛에 결정적인 영향을 미침

- 맥주의 독특한 맛과 향미 제공(고미)
- 보존성(저장성)부여
- 포지력(泡持力) 증강: 거품유지 능력
- Hop oil : 방향성 부여, 맥아즙 자비 과정 중 대부분 증발
  myrcene($C_{10}H_6$: 0.1~0.3%)
  humulone($C_{10}H_{24}$: 0.08~0.15%)
- Hop resin : 쓴맛, 살균력 有, 15~23%, 포지력 유지에 중요
  α-산: humulone(가장 쓴맛 부여)
  β-산: lupulone
- Hop tannin: 단백질 제거(맥주 청징), 3~5%

③ 양조용수

- 맥주 1KL 제조에 최소 15~20KL 물이 소요(15~20배)
- Ca^{2+}와 HCO_3^-의 영향이 가장 크다

16-7 Wine

- 신선한 포도 또는 포도쥬스(must)를 발효한 포도주를 의미
- 과일 또는 유사 재료를 발효시킨 주류의 총칭으로 apple wine, rice wine 등
- 샴페인 : white wine의 일종으로 탄산가스가 용존된 것을 의미

(1) 포도주의 종류

① Class와 type에 따른 분류

	Class	Type
Still wine	Appertizer wine : dry wine, alc 20%	Vermouth, Sherry
	Table wine : · Red-dry wine, alc 10~14% · White-dry wine, alc 10~14%	Burgandy, Rose Chablis
Sparkling wine	Dessert wine: Sweet wine, alc 20%	Port
	CO_2포화, alc 10~14%	Champagne

② 당분에 따라

- Dry wine: 당 함량 1%이하, table 용
- Sweet wine: 당 함량 1%이상

③ 색에 따라

- Red wine
- White wine
- Pink wine
- Yellow wine

※ Wine의 역사와 유래

- 구약성경 : 노아대홍수 이후 아라랏산 정착(현재 아르메니아) → 포도재배 → 포도주 담가 마심
- 그리스신화 : 박카스, 포도주 재배와 제조법

- 본격적 전파 : Rome 시대 → 식민지(불-보르도, 스페인)
- 기독교 전파와 함께 뿌리내림
  Jesus : 최후의 만찬 → 빵과 wine
- 중세: 수도원에서 wine 생산

(2) 원료

① Vitis venifera종(유럽계)

- 적포도주용 : Pinot noir, Cabrnt sauvignan, Merlot, Gamay
- 백포도주용 : Neo Muscat

② Vitis labrusca종(북미계)

- 적포도주용 : Concord
- 백포도주용 : Delaware, Niagra

16-8 증류주/Liquors

- 발효 후 증류과정을 거친 주류
- 재료의 휘발성분에서 오는 독특한 향기 포함
- 증류조건이나 저장용기에서 혼입되는 특유의 향

1) 위스키류

〈산지에 따라〉

① Scotch whisky

② Irish whisky

③ American whisky

④ Canadian whisky

〈원료에 따라〉

① Malt whisky (맥아)

② Grain whisky (옥수수, 라이맥)

2) Malt whisky 양조법

① 맥아제조

- 원료 : 2조종 보리(golden melon)

② 맥아즙제조

- 원료+4~5배량 온수 -(당화)→ 당화액 → 여과 → 냉각 → 발효

③ 발효

- 술밑(주모)의 첨가량: 술덧의 2~5%
- 조건 : 30℃ 미만, 3~4일간 → 5~8% 알코올

④ 증류

- 보통 2회증류: 60~70%, 1회증류시 20~25%

⑤ 숙성

- 나무통 : Oak 통(떡갈나무, 졸참나무), 2~8년

3) 브랜디류

- 정의 : 과즙발효액을 증류하여 제조한 것
  예) 과실명+brandy(일반적으로 포도브랜디가 통용)
- Cognac(꼬냑): 프랑스의 서남부 지역에서 만들어 진 것만 Co-ganc라고 부름

4) 일반 증류주

① 고량주

- 산지 : 원래 중국만주 지방에서 생산되는 술
- 원료 : 수수(高粱)을 주원료로, 보리와 팥

② 럼(Rum)

- 산지 : 서인도제도(자마이카, 쿠바, 푸에르트리코, 트리니다드토바고)

- 원료 : 사탕수수즙, 당밀

③ 진(Jin)

- 산지 : 네덜란드
- 원료 : 곡류발효후 → 두송실첨가 → 재증류(송진냄새, Jin)

④ 보드카(Vodka)

- 산지 : 구소련
- 원료 : 보리, 라이맥 → 자작나무숫 여과 → 무색, 투명

※ 진과 보드카는 칵테일의 기주로 많이 사용

5) 리큐르(Liquer)

- 주세법상 엑스분 2도 이상

① 전분 또는 당분 함유 물료를 사용하여 발효시켜 증류한 주류에 인삼 또는 과실 침출 한 것 혹은 발효, 증류, 제성중 인삼이나 과실 추출액 넣는 것

※ 과실: 포도, 사과, 딸기, 머루 등 발효되는 것은 제외

② 주정, 소주류, 위스키, 브랜디류의 증류과정 중, 당, 산, 조미료, 향료, 색소 등을 첨가 한 것

예) 인삼주, 매실주, 오가피 주

17 장

기능성 식품 재료

17-1 기능성 식품의 개념

1) 건강기능식품(health functional foods)의 개념

(1) 우리나라 건강기능식품법

- 2000. 11. 29 : "국민건강증진을 위한 건강기능식품에 관한 법률"(민주당, 김명섭의원 대표발의)
- 2001. 03. 06 : 제219회 임시국회 보건복지위원회 상정
- 2002. 07. 26 : 국회 법제사법위원회 의결
- 2002. 07. 31 : 제232회 임시국회 본회의 의결
- 2002. 08. 26 : "건강기능식품에 관한 법률" 제정 · 공포
- 2003. 12. 18 : "건강기능식품에 관한 법률" 동법시행령 제정공포
- 2004. 01. 31 : "건강기능식품에 관한 법률" 동법시행규칙 · 고시제정공포

(2) 건강기능식품법의 목적

건강기능식품의 안전성확보 및 품질향상과 건전한 유통 · 판매를 도모함으로써 국민의 건강증진과 소비자보호에 이바지 함

(3) 건강기능식품의 정의

① 건강기능식품이란?

"인체에 유용한 기능성을 가진 원료나 성분을 사용하여 제조(가공을 포함한다)한 식품"을 말한다.

② 기능성

"인체의 구조 및 기능에 대하여 영양소를 조절하거나 생리학적 작용 등과 같은 보건용도에 유용한 효과를 얻는 것"

③ 표시

건강기능식품의 용기 · 포장(첨부물 및 내용물을 포함한다)에 기재하는 문자 · 숫자 또는 도형

④ 광고

라디오 · 텔레비젼 · 신문 · 잡지 · 음성 · 음향 · 영상 · 인터넷 · 인쇄물 · 간판 그 밖의 방법에 의하여 건강기능식품에 대한 정보를 나타내거나 알리는 행위

⑤ 영업

건강기능식품을 판매의 목적으로 제조 · 가공 또는 수입하거나 이를 판매하는 업

(4) 개념

① 식품 재료에는 영양소외에 매우 다양한 성분 함유 primary metabolites와 secondary metaboltes

② 영양학적 가치 + 천연물 (natural being) + 생명현상의 활성인자

③ 식품의 3차 기능을 응용한 식품

(5) 식품의 3차 기능

- 생체조절기능
- 생체방어체계 향상
- 특정 질병예방
- 특정 질병 회복
- 신체 및 신경조절기능
- 노화억제능

2) Medical foods의 개념

① 환자나 특수 환경에 처한 사람들을 위하여 특별히 고안된 식품

② 특수한 질병의 치료목적으로 성분을 조절 또는 조합한 식사

cf) functional foods: real critical designer foods

③ 특수영양식품 (우리나라 식품공전)

"영 · 유아, 병약자, 노약자 비만자 또는 임산부 등을 위한 용도에 제공할 목적으로 식품 원료에 영양소를 가감시키거나 식품과 영양소를 배합하는 등의 방법으로 제조 · 가공된 식품"

④ Foods for special dietary use (FDA, USA, 1996)

"Foods formulated to be consumed or administered under the

supervision of a physician and which are intended for the specific dietary management of a disease or condition for which distinctive nutritional requirements, based on recognized scientific principle, are established by medical evaluation."

17-2 기능성식품 소재

(1) 탄수화물소재 및 식이섬유

기능성 탄수화물의 제제 기술은 식품, 의약, 농업 등 생물산업에 이용되고 있으며 국내 및 세계 시장의 규모는 점차 커지고 있다.

탄수화물 소재는 신감미료, 저 칼로리, bifidus 균 증식, 충치 예방 등으로 제품의 인지도, 지명도가 급상승하여 세계시장은 안전성, 성장성으로 급성장 예상되고 있으며, Cyclodextrin의 시장은 매년 50~100%의 증가를 보이며 농약에의 이용 방법이 개발될 경우 년 10,000톤의 시장 형성이 가능할 것으로 추정된다. 또한 올리고당의 생산량이 최근 수년간 매년 50~100% 이상 증가하여 구미시장을 개척할 경우 수요가 급신장 추세이다.

(2) 식품용 효소

전 세계적으로 이용되고 있는 효소의 종류는 약 3000여종이 되며, 이중 산업적으로 응용되고 있는 주요 효소는 150여종이며, 산업용 효소는 60여종에 달한다. 시장은 세제용 효소가 약 39%, 섬유용 효소가 14%, 전분당 관련 효소가 12%, 의약용 효소가 27%, 연구용 효소가 4%, 진단용 효소가 4%의 비율로 시장을 구성하고 있다. 효소시장 중 가장 큰 비율을 점하고 있는 것은 세제용 효소인 Alkaline protease이며, 그 외에 cellulase, lipase, α-amylase 등이 있고, 전분당 관련 효소로는 glucose isomerase, glucoamylase, α-amylase, β-amylase 등이 있다. 전분당 관련 효소 이용성의 동향을 보면 1976년도 이후 glucose isomerase의 고정화 및 연속반응에 의한 과당 생산이 이루어지면서 관련 효소인 Thermostable α-amylase, glucoamylase, immobilized glucose isomerase 등 효소 사용량이 증가되어 왔으나, 최근에는 효소 제품가격 경쟁 등으로 효소 제품 생산량은 증가하나 생산금액의 증가는 근소한 것으로 보인다. 그 외로 전분당 수율 및 품질을 향상시키기 위해 Isoamylase, Pullulanase, 미생물 기원 β-Amylase, β-Glucanase 등의 생산이 요구되어지고 있다.

(3) 폴리페놀류

폴리페놀 붐의 시작은 미국에서 1991년, 일본에서는 1994년경부터 적포도주의 폴리페놀효과가 집중 거론되고 포도주의 가격인하와 맞물려 그 시장이 급속히 확대, 신장되고 있다. 적포도주 엑기스를 첨가한 캔디, 젤리 등의 인기도 높고, 적포도주와 포도씨추출물을 함께 첨가하여 폴리페놀 함량을 높인 경우도 많다. 미국에서는 포도씨추출물이 항산화성이 높은 것으로 인지되어 있으나 일본에서는 포도씨추출물은 아직 적포도주의 효과에 힘입은 상태이다. 포도주와 함께 폴리페놀 인지향상에 공헌하고 있는 것이 쵸콜렛과 코코아이며 폴리페놀 강화 쵸콜렛이 40~50억엔 시장규모이다. 일본에서는 녹차의 폴리페놀인 카테킨으로부터 항충치, 항구취, 작용을 selling point로 한 에티켓 상품, 충치예방용 껌, 캔디 등이 있고 이외에도 산화방지제, 항균제등 다양한 기능을 가진 제품들이 판매되고 있고 추출물의 시장규모는 15~18억엔으로 추정되고 있다.

(4) 기능성 지질

일본에서 생산되고 있는 기능성 지질을 살펴보면, 영양보조식품용으로 α-linolenic acid를 소량 생산하고 있으며, EPA는 건강식품용 원유, 경구용 폐색성 동맥경화치료제로써 생산하고 있다. γ-linolenic acid는 식물, 미생물, 균체(유지함량 6~10%)로부터 생산하여 식품, 의약품, 화장품의 원료로 사용하고 있으며, DHA는 원유를 생산하고 있다. 고급알코올로는 캔디, 음료, 영양보조식품에 쓰이는 octacosanol, 화장품과 의약품 기제로 쓰이는 세틸알코올, 베헤닉알코올이 생산되고 있다. MCT도 향료용 용제, 이형제, 경구영양제에 쓰이고 있다. 대두레시틴은 식품첨가제,

도료/잉크용 계면활성제 및 분산제, 섬유용 유연제, 야채용 살균제로 사용되고, 효소변형된 대두 라이소레시친은 식품첨가제 및 건강식품으로 생산하고 있다.

(5) 기능성 펩타이드

소득향상에 따라 식품의 일반적 기능 외에 건강증진 효과 및 의약적 예방 및 치료효과를 기능성 생리활성물질인 펩타이드에 대한 관심이 높아지고 있으며 이를 활용한 펩타이드 함유 바이오식품 및 펩타이드 소재가 주 연구 대상으로 다루어지고 있는 추세이다.

(6) 기능성 고분자

외국에서는 기능성 고분자들을 이용하여 성인병 예방관련 연구가 오랜동안 지속되어 왔으며, 효능이 확인된 물질들을 이용한 건강식품의 일종으로 판매되고 있으며, 미국 FDA의 기준을 통과한 제품으로 약물을 대체하고 예방의학적인 차원에서 연구가 진행되고 있다. 대부분 고혈압, 당뇨, 비만 등의 성인병과 관련된 기능성 식품이 주류이다.

(7) Phytochemicals

① 생리활성

- 항산화능, 항돌연변이능/항암능, 항균력과 항바이러스능, 면역증강능, 항염증능 뇌활성, 항고혈압, 항콜레스테롤능, 알러지제거능, 항당뇨능, 골다공증보호 등

② 종류

- Carotenoid : tomato, carrot, yam, spinach, sweet potato, citrus fruit, 등
- Epigallocatechin : green tea, grapes/wine
- Didzein, genistein : soybeans, soyfoods
- Tocopherols : 식물유
- Omega-3 oil : fish oil, algae, flaxseed
- 공액리놀렌산 : dairy products, processed vegetable oils
- 알리신 : 마늘, 양파

17-3 기능성식품으로의 천연재료

(1) 기능성 식품재료의 대상

① 기존 식품재료 : 기능성 성분 함유의 재평가

② 생약 : 의식동원, 한방약재와 중복

③ 야생식용식룸

④ 향신료와 차

⑤ 특수한 성분(활성물질)을 함유하는 것으로 밝혀진 재료(야생자원 포함)

⑥ 버섯 등의 하등식물들

17-4 생약

(1) 生藥(crude drugs, herbal drugs)

"과학적인 이론을 바탕으로 질병의 치료 및 예방의 목적으로 직접 이용되거나, 약효성분을 추출하기 위한 원료로 이용되고 있는 천연물(재료)을 말함."

(2) 天然物(natural products)

① 경제적인 가치를 지니고 있는 식물, 동물, 미생물 및 광물질의 전체 또는 특정적인 부위(식물의 뿌리, 줄기, 잎, 열매, 씨 등)를 말함.

② 식물의 삼출물, 추출물, 동물의 배설물, 분비물, 퇴적물(사향, 우황 등) 포함

(3) 식품과 생약의 차이

① 천연 동 · 식물 자원을 이용한다는 관점에서 동질성이 있음

② 기능성 식품재료들의 경우 대부분 생약자원 가능성이 있음

③ 생약의 유효성분 중에는 식품적 측면에서는 유독 또는 유해물질로 취급될 수 있는 것이 많음

④ 식품에서는 1차 대사 산물이 우선이나 생약에서는 2차대사산물이 중요

⑤ 식품에서 보는 2차 대사 산물(phytochemicals)은 유해물질, 색소, flavors, natural additives로서의 의미를 지니는 경우가 많음

⑥ 향신류들은 모두 생약에 속 함

⑦ 구황식물

⑧ health foods

(4) 기능성 소재로 취급되는 생약

- 各種 食用油
- 桔梗(도리지), Platycodi Radix
- 더덕
- 杏仁, Armeniacae semen
- 麥門冬, Liriopsis Tuber
- 生松脂, Terebinthina
- 芥子, Sinapis Semen
- 香辛料, Spices & herbs,
- 陳皮, Aurantii nobilis Pericarpium
- 桂皮, Cinnamomi Cortex
- 乾薑, 生薑, Zingiberis Rhizoma
- 고추, 苦椒, Capsici Fructus
- 胡椒, 후추, Piperis nigri Fructus
- 山椒, 蜀椒, Zanthoxyli Fructus
- 甘草, Glycyrrhizae Radix

- 山查子, Crataegi Fructus
- 決明子, Cassiae Semen
- 알로에, 蘆薈, Aloe
- 鬱金, 울금, Curcumae Rhizoma
- 쑥, 艾葉, Artemisiae Folium
- 茵陳蒿, Artemisia messer-schmidtiana
- 梔子, Gardeniae Fructus Herba
- 枸杞子, Licii Fructus
- 地黃 Rehmanniae Radix
- 五加皮, Acanthopanacis Cortex
- 人蔘, Ginseng Radix
- 紅花, Carthami Flos, safflower
- 杜沖, Eucommiae Cortex
- 酸棗仁, Zizyphi spinosi Semen
- 大棗, Zizyphi Fructus
- 當歸, Angelicae gigantis Radix
- 五味子, Schizandrae Fructus
- 淫羊藿, Epimedii Herba
- 葛根, Puerariae Radix
- 山藥, 마, Dioscoreae Rhizoma
- 黃芪, Astragali Radix
- 薏苡仁, Coicis semen
- 紫根, Lithospermi Radix
- 白果, 은행, Ginkgo Semen
- 大蒜, 마늘, Allii Bulbus
- 黃精, Polygonati falcati Rhizoma
- 茶葉, Theae Folium
- 蓮實, 蓮肉, Nelumbinis Fructus, 등

17-5 기능성 천연재료

(1) Herbs 및 기타 유용식물

- Alfalfa
- rose hip
- 車前子, 질경이종자
- Camomile
- Comfrey
- Wumei, 梅實
- Dandelion, 민들레, 蒲公英
- Acerola
- 胡麻, Sesame seed
- 丹蔘, Sage
- 甘茶, 덩굴
- Prune, 등

(2) 下等植物

구 분	종 류
세균식물문, Bacteria	▪ 젖산균 → lactic acid 생성균 ▪ 낙산균 → butylic acid 생성균
菌植物門, Fungi	▪ 酵母菌, 누룩菌 ▪ 茯苓, Pachyamae Fungus ▪ 靈芝, 雲芝 ▪ 상황버섯, 동충하초 ▪ 차가버섯, 노루궁뎅이, 아가리쿠스
녹조식물문, Chlorophyta, Green Algae	▪ Chlorella → 영양성분 ▪ 청각
남조식물문, Cyanophyta	▪ spirulina
갈조식물문, Phaephyta	▪ 라미나리아 ▪ 다시마(昆布) ▪ 미역 ▪ Kelp

(3) 식물에서 유래한 製劑

- 玄米醋, rice vineger
- 솔잎 엑기스
- 豆乳
- Cider vineger

- wheat germ oil
- 月見草種子油
- 감나무잎 茶
- 효소, 식물발효품
- Ooloong Tea
- Yunnan Tea
- Avocado oil
- Rice bran oil
- Sunflower oil, etc.

(4) 동물성 기능식품재료

- 牡蠣(모려), Osterae Testa, 굴껍질
- 牛黃, Benzoar Bovis
- 犀角, Rhinocerotis Cornu
- 麝香, Moschus
- 熊膽, Fel Ursi
- 鹿茸, Pilose Antler

(5) 동물유래 제제

- 골수엑스, marrow extract
- Snapping turtle
- Bee pollen
- Propolis
- Yogurt
- Corb shell extract
- Liver
- Honey
- Royal jelly
- York lecithin, 卵黃油, etc.

| 참고문헌 |

- 김동훈, 식품화학, 탐구당, 1998
- 김명곤 외 5인, 버섯 생물학, 학문사, 2002
- 건강기능식품공전, 건강기능식품협회, 2004
- 식품공전, 한국식품의약품안전청, 2004
- 박형기 외 19인, 식육의 과학과 이용, 1998
- 송재철, 식품재료과학, (주)교문사, 2004
- 정원태, 박희준, 이준우, 식탁위의 뉴트타슈티컬, 도서출판 홍익기술, 2000
- 홍진숙 외, 식품재료학, 교문사, 2005
- 홍태희 외, 현대 식품재료학, 지구문화사, 2006
- Ara DerMarderosian, John A Beutler, The review of natural products, Facts & Comparisons, St Louis, USA, 2005
- G. Mazza, Functional foods: Biochemical and processing aspects, Technomic publishing company Inc., Pen, USA, 1998
- John Shi, Chi-Tang Ho, Fereidoon Shahidi, Asian functional foods, CRC press, NY, USA, 2005
- Severian Dumitaiu, Polysaccharides, Marcel Dekker, NY, USA, 2005
- 대한양계협회: http://www.poultly.or.kr
- 대한양돈협회: http://www.koreapork.or.kr
- 서울축산농협: http://www.hanwooshop.com
- 샘나생활건강정보: http://www.samna.co.kr
- 자생식물데이타베이스: http://minsok.ccbb.re.kr

| 저자약력 |

이 준 우

건국대학교 미생물공학과 졸업(학사)

건국대학교 대학원 졸업(석사, 박사)

식품기술사, 커피바리스타

경북전문대학교 식품가공과 교수

생명공학연구소 응용미생물자원연구실(위촉연구원)

(주)해태제과, 연구원

(주)일양약품, 책임연구원

(현) 경북전문대학교 호텔조리제빵과 교수

현대인을 위한 **식품재료학**

2014년 6월 24일 1판 1쇄 인쇄 / 2014년 7월 1일 1판 1쇄 발행

지은이. 이준우

펴낸이. 윤용호 | 펴낸곳. 석학당 출판사 121-856 서울시 마포구 신수동 448-6 1F

등록. 2001.10.23. 제10-2238호 | 전화. 02)719-6116 | 팩스. 02)719-6120

홈페이지. www.shdbooks.co.kr | E-mail. shd6116@chol.com

ISBN 978-89-93158-76-2 93570 가격 **18,000**원